世界国防科技年度发展报告（2017）

# 先进制造领域科技发展报告

XIAN JIN ZHI ZAO LING YU KE JI FA ZHAN BAO GAO

中国兵器工业集团第二一〇研究所

国防工业出版社

·北京·

### 图书在版编目（CIP）数据

先进制造领域科技发展报告／中国兵器工业集团第二一〇研究所编 . —北京：国防工业出版社，2018.4
（世界国防科技年度发展报告 . 2017）
ISBN 978-7-118-11628-1

Ⅰ.①先… Ⅱ.①中… Ⅲ.①国防工业—科技发展—研究报告—世界—2017 Ⅳ.①TJ

中国版本图书馆 CIP 数据核字（2018）第 101765 号

### 先进制造领域科技发展报告

| | |
|---|---|
| 编　　者 | 中国兵器工业集团第二一〇研究所 |
| 责任编辑 | 汪淳　王鑫 |
| 出版发行 | 国防工业出版社 |
| 地　　址 | 北京市海淀区紫竹院南路23号　100048 |
| 印　　刷 | 北京龙世杰印刷有限公司 |
| 开　　本 | 710×1000　1/16 |
| 印　　张 | 13¼ |
| 字　　数 | 150 千字 |
| 版 印 次 | 2018 年 4 月第 1 版第 1 次印刷 |
| 定　　价 | 79.00 元 |

# 《世界国防科技年度发展报告》
# (2017)
# 编委会

主　　任　刘林山

---

委　　员（按姓氏笔画排序）

| | | | |
|---|---|---|---|
| 卜爱民 | 王东根 | 尹丽波 | 卢新来 |
| 史文洁 | 吕　彬 | 朱德成 | 刘　建 |
| 刘秉瑞 | 杨　新 | 杨志军 | 李　晨 |
| 李天春 | 李邦清 | 李成刚 | 李向阳 |
| 李红军 | 李杏军 | 李晓东 | 李啸龙 |
| 肖　琳 | 肖　愚 | 吴亚林 | 吴振锋 |
| 何　涛 | 何文忠 | 谷满仓 | 宋朱刚 |
| 宋志国 | 张　龙 | 张英远 | 张建民 |
| 陈　余 | 陈　锐 | 陈永新 | 陈军文 |
| 陈信平 | 庞国荣 | 赵士禄 | 赵武文 |
| 赵相安 | 赵晓虎 | 胡仕友 | 胡明春 |
| 胡跃虎 | 原　普 | 柴小丽 | 高　原 |
| 景永奇 | 熊新平 | 潘启龙 | 戴全辉 |

## 《先进制造领域科技发展报告》

## 编 辑 部

主　　编　高彬彬
副 主 编　苟桂枝

编　　辑（按姓氏笔画排序）

朱　丹　祁　萌　李良琦　李晓红
陈胜军　胡晓睿　段　婕　徐　可
徐　林　郭　洋　商　飞　董晋华

## 《先进制造领域科技发展报告》

审稿人员

李志强　毛　明　史秉能　单忠德
郭德伦　杨宏青　高　原　李向阳
李宏伟　王大森　王克鸿

撰稿人员（按姓氏笔画排序）

王　班　朱　丹　刘亚威　刘骄剑
祁　萌　孙红俊　李仲铀　李良琦
李晓红　陈胜军　苟桂枝　胡晓睿
段　婕　徐　可　高彬彬　商　飞
董姗姗　董晋华　韩　野

# 编写说明

当前，世界新一轮科技革命和军事革命加速推进，科技创新正成为重塑世界格局、创造人类未来的主导力量，以人工智能、大数据、云计算、网络信息、生物交叉，以及新材料、新能源等为代表的前沿科技迅猛发展，为军队战斗力带来巨大增值空间。因此，军事强国都高度重视战略前沿技术和基础科技的布局、投入和研发，以期通过发展先进科学技术来赢得未来军事斗争的战略主动权。为帮助对国防科技感兴趣的广大读者全面、深入了解世界国防科技发展的最新动向，我们秉承开放、协同、融合、共享的理念，组织国内科技信息研究机构的有关力量，围绕主要国家国防科技综合发展和重点领域发展态势开展密切跟踪和分析，并在此基础上共同编撰了《世界国防科技年度发展报告》（2017）。

《世界国防科技年度发展报告》（2017）由综合动向分析、重要专题分析和附录三部分构成。旨在通过持续跟踪研究世界国防科技各领域发展态势，深入分析国防科技发展重大热点问题，形成一批具有参考使用价值的研究成果，希冀能为实现创新超越提供有力的科技信息支撑，发挥"服务创新、支撑管理、引领发展"的积极作用。

由于编写时间仓促，且受信息来源、研究经验和编写能力所限，疏漏和不当之处在所难免，敬请广大读者批评指正。

军事科学院军事科学信息研究中心
2018 年 4 月

# 前 言

先进制造技术是衡量一个国家综合实力和科技发展水平的重要标志，国防先进制造技术对确保武器装备产品质量、缩短研制生产周期、降低制造维护成本、提高战技性能指标具有重大影响，因此，世界各国高度重视国防先进制造技术进步，近年来获得迅速发展。密切跟踪世界国防先进制造技术发展态势，深入研判国防先进制造技术热点问题，把握时代脉搏，选准突破方向，对于促进我国国防科技创新、对标国际先进水平、推动制造技术进步、实现武器装备更新换代和跨越发展具有重要意义。

为及时、准确地了解2017年国外先进制造技术的发展进步，我们组织相关力量，遴选具有重大现实或潜在影响意义的领域和专题开展系统分析研究，形成了《先进制造领域科技发展报告》。全书包括综合动向分析、重要专题分析、附录三个部分。综合动向分析部分，一是对2017年先进制造技术发展战略和技术领域总体发展趋势进行分析研判，二是围绕先进设计、智能制造、增材制造、微纳与精密制造、生物与仿生制造5个技术领域进行系统归纳；重要专题分析部分，针对16个重点问题和热点技术展开深入研究；附录部分，按时间顺序梳理了2017年先进制造领域科技发展大事记。

本书在统一编撰思路的指导下，集中优势领域相关单位共同完成。在报告编撰过程中，得到了军事科学院军事科学信息研究中心史秉能研究员、李向阳研究员，中国航空制造技术研究院李志强研究员、郭德伦研究员，中国兵器工业集团第二一〇研究所毛明研究员，中国机械科学研究总院单忠德研究员，中国航天科工集团第三研究院 159 厂杨宏青研究员，中国兵器工业集团 618 厂李宏伟研究员，中国兵器工业集团第五十二研究所王大森研究员及南京理工大学王克鸿教授等专家的指导和帮助，在此致以敬意与衷心感谢。

限于编著人员水平有限，错误和疏漏之处在所难免，敬请批评指正。

编者

2018 年 3 月

# 目 录

## 综合动向分析

2017年先进制造领域科技发展综述 ·············································· 3

2017年先进设计技术发展综述 ···················································· 12

2017年智能制造发展综述 ························································ 20

2017年增材制造技术发展综述 ···················································· 29

2017年微纳与精密制造技术发展综述 ·············································· 42

2017年生物与仿生制造技术发展综述 ·············································· 50

## 重要专题分析

美国国防部制造技术规划实施60年成就与特点分析 ······························ 61

DARPA发展新型设计技术 ························································ 69

数字线索助力美国空军航空装备生命周期决策 ······································ 76

美国国防部先进机器人制造创新机构分析 ·········································· 82

机器人技术应用提升航空制造自动化水平 ·········································· 89

3D打印技术加速步入海军军事应用 ·············································· 97

美国陆军积极推进战地按需制造技术研究 ·········································· 102

激光金属增材制造技术取得突破 ·················································· 108

碳纤维复合材料3D打印技术发展现状分析 …………………………………… 119

4D打印技术发展分析 ……………………………………………………… 125

纳米压印光刻工艺推动三维纳米元件量产实用化 ………………………… 134

美国先进材料连接与成形技术未来发展路线图分析 ……………………… 143

搅拌摩擦焊技术在美、欧航天领域应用分析 ……………………………… 152

复合材料自动铺放成形技术发展现状分析 ………………………………… 159

NASA太空制造技术发展分析 ……………………………………………… 167

军工高端制造装备发展现状分析 …………………………………………… 175

## 附录

2017年先进制造领域科技发展大事记 ……………………………………… 185

ZONG HE
DONG XIANG FEN XI

# 综合动向分析

# 2017 年先进制造领域科技发展综述

先进制造技术是衡量一个国家综合实力和科技发展水平的重要标志，是在传统制造的基础上，不断吸收机械、电子、信息、材料、能源和现代管理技术等方面的最新成果，取得理想技术经济社会效益的制造技术的总称；其综合应用于产品设计、制造、检测、管理、使用、服务等制造活动全过程，以实现优质、高效、低耗、清洁、灵活生产，提高对动态多变市场的适应能力和竞争能力。国防先进制造技术还对确保武器装备产品质量、缩短研制生产周期、降低制造维护成本、提高战技性能指标具有重大影响，因此，世界各国从战略高度重视发展国防先进制造技术。2017 年，美、英等军事强国，通过多种举措，大力推动国防先进制造技术创新发展，先进设计、智能制造、增材制造、微纳与精密制造、生物与仿生制造等领域都取得重要进展。

## 一、加强先进制造技术领域的战略规划和顶层设计

英、美等国通过相关战略规划及顶层设计，推动先进制造技术创新

# 先进制造领域科技发展报告

发展。

（1）英国制定"新工业战略"，加大科研与创新投资。1月，英国发布"新工业战略"，旨在通过加大对科研与创新的投资等十大措施，加强政府干预，提高生产力和振兴工业生产，促进经济发展。在先进制造科技领域，研发与创新投资重点支持机器人、制造工艺和新型材料、生物技术以及高性能计算、高级建模等技术。10月，英国发布《国家增材制造战略（2018—2025）》，拟以增材制造为突破口，解决脱欧的经济挑战，从国家层面做出统一战略部署，有目标、有步骤地推动增材制造技术发展，解决增材制造商业化应用程度不高的问题，拟将英国发展成增材制造全球领导者。

（2）美国制定先进工艺技术和智能制造发展路线图。6月，由美国国家标准与技术研究院支持、400余家企业参与、爱迪生焊接研究所牵头编制的《先进材料连接与成形技术路线图》发布，明确了未来7年材料连接与成形技术领域的8项研发投资重点。8月，美国清洁能源智能制造创新机构发布2017—2018技术路线图，围绕商业实践、使能技术、智能制造平台建设和人员培养4个领域，分别从战略目标、研发投资重点和近期行动计划3个层面进行全面规划，以推动智能制造技术在工业界的广泛应用，使智能制造成为推动美国制造企业不断改进并可持续发展的动力。

（3）日本加强先进制造基础研发，提升先进制造竞争力。6月，日本发布《科学技术创新综合战略2017》，确定了2017—2018年采取的重点措施，加强机器人、器件、材料/纳米等技术的基础研发，重点开发"新型制造系统"等核心系统。同月，日本发布《2017年制造业白皮书》，详述应对第四次工业革命的策略以及日本制造业改革的方向，以提升日本先进制造竞争力。

## 二、模型化、虚拟化、智能化的设计方法和工具改变武器装备研发模式

军事强国积极推进先进设计技术发展,在基于模型的系统工程、虚拟现实、智能设计等领域取得重要进展。

(1) 基于模型的系统工程改变新产品研发模式。波音公司将基于模型的系统工程(MBSE)方法用于新中型飞机(NMA)研发,通过一种与分析验证模型交互的系统架构模型定义关于 NMA 设计开发的各种限制、接口、要求及产品本身,极大地改变了新产品研发方式,同时,该系统架构模型可用于管理绑定数据以及控制成本和进度,有助于提高产品研发效率、降低风险。

(2) 虚拟现实技术实现大型复杂装备设计降本增效。俄罗斯正式启用飞船与模块化舱段虚拟设计中心,利用虚拟现实技术,设计人员通过配戴虚拟现实设备,"进入"飞船或舱段内部,在虚拟数字空间内进行特殊或复杂结构设计,有助于加速俄罗斯新型航天装备研制进程,在降低人工成本的同时保证产品质量。BAE 系统澳大利亚公司开发出融合计算机辅助设计和游戏软件功能的 3D 仿真技术,为武器装备系统研制提供沉浸式模拟投影,可识别和确认设计缺陷,在研发阶段解决潜在安全问题,降低新型装备设计和制造风险,已在 26 型全球战斗舰、AMV35 轮式装甲车等多型装备研制中获得应用。

(3) 计算智能和机器学习优化技术变革复杂系统设计。美国开发基于计算智能和机器学习的"Discover"优化设计框架,极大地扩展了设计空间,结合生成式设计算法,简化了复杂参数模型的优化设计流程,高保真

仿真技术提供了更加真实的设计模拟环境，使设计人员能够准确地将物理原型融入到产品设计中，采用融合建模技术便于设计重构，有效避免出错翻修，大幅缩短开发周期。

## 三、以数字线索和数字孪生为重点，提升数字化水平，牵引智能制造发展

智能制造是当前先进制造业的发展热点，数字化是实现智能制造的核心基础。近年来，美军高度重视数字化发展，美国空军在《全球地平线》顶层战略规划文件中，将数字线索和数字孪生并列为"改变游戏规则"的颠覆性机遇，组织洛克希德·马丁公司、诺斯罗普·格鲁曼公司、波音公司等开展系列应用研究项目。数字线索和数字孪生已被美国国防部及工业界接受并广泛引入，成为实现数字化制造、牵引智能制造发展的重要途径。

（1）数字线索和数字孪生成为美国数字化制造与设计创新机构（DMDII）2018年战略投资重点。2017年12月，DMDII发布2018年战略投资计划，数字线索和数字孪生技术贯穿于设计、产品开发及系统工程，未来工厂，敏捷、弹性供应链三项重点投资领域，将通过数字线索实现与最终零部件、产品相关的所有数据在整个生命周期的双向流动，将通过构建工厂数字孪生模型实现生产效率预测、时间进度及资源变化的影响分析、网络安全监测以及智能优化，将着力宣传数字线索和数字孪生技术的发展前景，确保美国数字化设计、制造的优势。

（2）数字线索在F-35战斗机生产线获得应用。诺斯罗普·格鲁曼公司在F-35战斗机机身生产中建立数字线索，支撑物料审查委员会进行不

合格品处理决策,通过数字孪生改进多个工程流程,自动采集数据并实时验证不合格标签,将数据精准映射到计算机辅助设计模型,在三维环境中实现精确自动分析,使F–35战斗机进气道加工缺陷处理决策时间缩短33%。

(3)数字孪生用于对单个机体结构健康状态进行跟踪。通过在役飞行器的数字孪生及实时数据采集,可对单个机体结构进行跟踪。美国空军与波音公司合作构建了F–15C机体数字孪生模型,开发了分析框架,综合利用集成计算材料工程等先进手段,实现多尺度仿真和结构完整性诊断,配合先进建模与仿真工具,实现了对不确定性的管理与预测。

(4)数字孪生被洛克希德·马丁公司列为2018年顶尖技术之首。2017年11月,洛克希德·马丁公司对2018年国防和航空航天领域的顶尖技术趋势进行了预测,数字孪生技术作为首要的技术趋势提出。12月,洛克希德·马丁公司在沃斯堡工厂部署基于数字孪生技术的"智能空间"工业物联网平台,通过将现实数据映射到数字模型上,使实际生产活动与制造执行和规划系统相连接,可实现提前谋划和调度资产,减少生产延迟,大幅提升生产效率。

## 四、增材制造技术发展促进国防应用逐步深入

增材制造技术持续呈快速发展态势,金属增材制造技术取得突破性进展,国防领域应用逐步深入。

(1)美国开发出速度可提高200倍的金属增材制造技术。5月,美国劳伦斯·利弗莫尔国家实验室开发出一种全新的"基于二极管的增材制造"

（DiAM）技术，并制成原理样机。该技术通过对光源系统的改变，将激光照射区域由点（单点扫描激光束直径为50～150微米）扩展为与加工图样吻合的照射面（照射面积可达18毫米×18毫米），实现瞬间熔化整层金属粉末，成形速度最快可提高200倍，具有成形质量高、使用成本低等优势，将有力推动金属增材制造技术在批量化生产中的应用。

（2）美军推进增材制造技术军事应用。3月，陆军采用直接金属激光烧结增材制造的榴弹发射器（M203A1）原型及测试射弹（M781训练弹）成功通过高强度测试，验证了增材制造技术生产可发射武器原型的潜力。6月，陆军研究实验室战地原生材料按需增材制造技术取得突破性成果：一是利用战地金属废料生产适于增材制造的金属粉末；二是利用战地砂土增材制造铸模；三是利用战地废弃塑料进行增材制造，将其转化为增值产品。8月，美国海军采用大面积增材制造技术，耗时不到4周设计制造、组装了长约9.14米的碳纤维复合材料潜艇艇体原型，与传统制造方法相比，成本降低90%，周期大幅缩短，预计2019年开发出具有组舰能力的增材制造艇体原型。

（3）欧洲开展增材制造国防应用研究。4月，继美国国防部发布《增材制造路线图》之后，欧洲防务局开展"增材制造可行性研究与技术示范"项目，将增材制造确认为提升欧洲国防工业竞争力的关键技术之一，计划加速推进其在战场关键领域的前沿军事部署，或将推动其成为军事装备发展的新引擎。

（4）混合增材制造技术实现先进核燃料生产。美国爱达荷国家实验室开发了一种生产硅化铀燃料 $U_3Si_2$ 的创新工艺，将传统铀矿石处理用研磨技术与激光成形增材制造技术相结合，大幅提升了将生铀转化为可用材料的速度，减少了燃料生产步骤，提高了核燃料的效率和安全性。该工艺通用性强,可用于先进反应堆,还可用于生产其他燃料,已得到美国能源部的支持,进入商业化阶段。

## 五、微纳制造技术取得多项重要突破

围绕光学元件、微纳电子器件、集成电路的制造在电子束光刻、定向自组装工艺等方面取得重要突破。

(1) 定向自组装芯片图形化工艺突破10纳米。3月,美国芝加哥大学将嵌段共聚物定向自组装技术与电子束光刻技术相结合,开发出嵌段共聚物定向自组装芯片图形化新工艺,制作出半节距9.3纳米的芯片图形,有望提高集成电路集成度,大幅降低其制造成本。

(2) 电子束光刻工艺分辨率提升至1纳米量级。4月,美国布鲁克海文国家实验室通过在球面像差校正扫描投射电子显微镜中安装图形发生器,将单纯的成像工具转变成既可实现原子级分辨率成像,又可制作原子级分辨率图形结构的绘图工具,利用电子束光刻工艺,在聚甲基丙烯酸甲酯薄膜上制作出最小孤立图形尺寸仅为 $(1.7\pm0.5)$ 纳米的图形,实现1纳米量级的图形分辨率,有望大幅推动集成电路制造、微机电系统(MEMS)加工和纳米技术的发展。

(3) 纳米级分子装配机器人诞生。9月,英国曼彻斯特大学研制出"分子机器人",其由碳、氢、氧、氮等150个原子组成,大小只有1纳米,具有手臂,能够接受化学指令(特定溶液中进行的化学反应),操控单个分子,完成组装分子产品等基本任务,未来有望用于设计先进制造工艺以及搭建分子组装线和分子工厂。

## 六、生物与仿生制造技术取得多项进展

美、欧持续重视生物与仿生制造技术发展，发达国家在生物与仿生制造领域开展多项研究并取得重要进展。

（1）NASA创建太空技术研究机构，研究原位生物制造技术。2月，NASA创建以太空生物工程利用中心（CUBES）牵头的多学科研究机构，5年内资助1500万美元，推进一体化、多功能、多生物体的生物制造系统的研究，利用微生物和植物开展原位生物制造技术创新，以生产燃料、材料、药品和食品。

（2）仿生与生物合成材料能力更强。1月，美国海军利用大肠杆菌制造出两种由八目鳗合成的蛋白质，在溶液中将两者结合，合成仿鳗鱼黏液材料，其可用于制造防火、防弹、防污损产品，也可作为防鲨喷雾剂和反恐防暴的非致命性武器。3月，麻省理工学院在美国国防高级研究计划局资助下，通过模仿树木的营养及水分传输方式，制备出"微流体泵"，使用方糖对芯片供能，这种新型仿生芯片供能装置，为制备低成本小型机器人奠定基础。6月，英国斯旺西大学通过提取土壤细菌—链霉菌，经溶解后得到可沿疏水/亲水界面完成自组装的蛋白质溶液，最终获得厚度小于10纳米、可承受极端温度的蛋白质基涂层，在航空航天钢结构防腐方面具有良好应用前景。

（3）3D打印与仿生制造融合发展加速。2月，麻省理工学院在美国海军资助下，利用3D打印和微成形技术制备出以水凝胶为基体、以经过基因设定的大肠杆菌为活性体的新型活性材料，其在遇到特定化学物质时会发光，可用于可穿戴传器，检测化学物质和污染物。5月，麻省理工学院利用

3D 打印技术制成可精确控制其内部结构的仿海螺壳材料,经跌落试验证实其防裂纹扩展性能是最强基材的 1.85 倍,是传统纤维材料的 1.7 倍,适于制造头盔及人体装甲。

## 七、结束语

目前,国防先进制造技术是体现一个国家综合实力和科技发展的重要标志之一。这一领域技术密集度高,产业关联范围广,军民融合性能辐射带动效应大,工业化和信息化融合程度深,处于装备制造产业链的高端,也是国家和平发展和国家安全的重要保障。美国等军事强国通过综合采取多种举措,注重从战略层面规划国防制造技术发展,大力发展数字线索、数字孪生等技术,扎实推进数字化建设,牵引智能制造发展,增材制造、微纳制造、生物与仿生制造等前沿技术研发应用取得突破,对国防科技创新和先进制造业发展将产生重要影响。

(中国兵器工业集团第二一〇研究所　苟桂枝　高彬彬)

# 2017 年先进设计技术发展综述

国防先进设计技术是国防先进工业技术的重要方向。2017 年，基于模型的系统工程、数字线索/数字孪生、虚拟/增强现实、智能化设计等国防先进设计技术受到国外军工企业和机构的高度重视，并在武器装备研制过程得到应用和发展。模型化、虚拟化的设计方法和工具正逐步改变武器装备设计模式，提升武器装备研制能力。

## 一、深化基于模型的系统工程应用，推动复杂系统设计模式变革

基于模型的系统工程（MBSE）作为一种在产品开发早期确定客户需求和功能的跨学科方法，正越来越多地用于装备研制。2017 年，美、法等军事强国通过 MBSE 方法将多个学科和专业群体高度集成，支撑从概念设计到产品分析、验证和确认等整个生命周期阶段。

**（一）推进基于模型的系统工程环境研究，支撑系统级的决策和虚拟验证**

2017 年，美国系统工程研究中心（SERC）启动了一项研究任务，旨在

实现陆军研发与工程司令部"构建武器系统研制虚拟协同环境"的目标。这项研究任务聚焦以模型为中心的工程（MCE），MCE可以描述为一个总体的数字工程方法，可跨产品全生命周期，将仿真、代理、系统和组件的不同模型以不同抽象层次与仿真度水平进行集成，为快速系统级分析提供跨领域的视图，允许不同学科的工程师针对不断变化的任务需求，使用动态模型和代理支持决策与虚拟验证。8月，该中心发布了这项研究任务第一阶段技术报告——《通过以模型为中心的工程转型系统工程》。

**（二）利用基于模型的系统工程方法提高产品研发效率，降低风险**

2017年6月，波音公司在巴黎航展上表示，MBSE极大地改变了整个公司开发新产品的方式。波音公司正通过一种与分析验证模型交互的系统架构模型定义新中型飞机（NMA）设计开发的各种限制、接口和要求，以及产品本身。该系统模型可以用于管理产品数据以及控制成本和进度。

空客直升机公司在A350飞机的开发中全面采用MBSE，在飞机研制中逐层细化需求并进行功能分析和设计综合，不仅实现了顶层系统需求分解与确认，也实现了向供应商、分包商的需求分配和管理。另外，通过建立模型描述系统或者功能的功能架构和逻辑架构，这些模型基于图形格式，描述系统行为以及系统间的相互影响。该方法将过去采用大量文件描述的需求、功能和架构，转化为以标准的建模语言表达的系统静态的参数、架构和接口，以及系统的动态行为，包括用例、功能、时序和状态等。通过MBSE的使用，空客在研发设计的早期就得以对全机通电试验进行模拟，并建立了全机热环境模拟模型，并将其与供应商进行共享以便于其系统设计的改进。事实证明，利用全机的MBSE模型，可以对问题做出更好的预测，及早解决问题。

## 二、积极推进数字线索/数字孪生技术应用

数字线索旨在通过先进建模与仿真工具建立一种技术流程,提供访问、综合并分析系统生命周期各阶段数据的能力。数字孪生是对实体对象或过程的数字化复制。2017年,美国积极推进数字线索和数字孪生技术应用,将其作为重要战略推进方向。

**(一)数字线索提升产品生命周期数据集成管理能力**

美国国防部开发了飞行器计算研究工程采办工具环境(CREATE–AV),通过数字线索导入其中的飞行系统模型架构,可构建支持气动、动态稳定性和控制以及结构仿真的高逼真物理特性模型,高效执行分析优化,支撑航空装备概念开发和设计。诺斯罗普·格鲁曼公司在F–35战斗机机身生产中,采用数字线索技术,其特点是"全部元素建模定义、全部数据采集分析、全部决策仿真评估",能够量化并减少系统寿命周期中的不确定性,实现需求的自动跟踪、设计的快速迭代、生产的稳定控制和维护的实时管理。

**(二)数字孪生通过全息映射实现研发过程优化分析**

数字孪生综合利用人工智能、机器学习技术及传感器数据,创建一个虚拟空间的全息映射模型,对实体对象或过程的属性、状态、运动等进行准确镜像,近无损地反映对象的全寿命周期过程,从而实现优化分析,产生新的模型指导设计和运行。2017年,洛克希德·马丁公司在沃斯堡工厂部署基于数字孪生技术的"智能空间"工业物联网平台,通过将现实数据映射到数字模型上,使实际生产活动与制造执行系统相连接,实时监测三维空间中的交互,使用空间事件控制流程并使环境根据工人移动做出反应。

洛克希德·马丁公司在 2018 年国防和航空航天工业领域的顶尖技术趋势预测中，将数字孪生技术视作首要技术，并将其作为公司重点战略推进方向之一。数字孪生技术在产品设计、制造和维护等阶段具有广阔的应用前景。

## 三、强化虚拟/增强现实技术应用，促进国防工业降本增效

利用虚拟/增强现实技术能够在虚拟的数字空间内或将虚拟对象与真实场景融为一体开展复杂的产品设计工作，是一种新兴的人机交互技术。2017 年，虚拟/增强现实技术在美国、俄罗斯大型复杂装备设计制造、维护保障等应用领域不断取得突破，实现降本增效。

### （一）加强顶层战略引导，推进增强现实发展与应用

2017 年 4 月，美国数字化制造与设计创新机构（DMDII）牵头单位 UI 实验室和"增强现实企业联盟"（AREA）发布世界首份增强现实（AR）硬件与软件功能需求指南。指南为增强现实供应商面向工业界进行技术和产品研发提供指导，推动制造企业在产品设计、工厂车间布局、设备组装与检修、人员培训与安全等诸多领域实现能力提升。指南由 62 家工业界企业、增强现实供应商、大学和政府机构等共同参与制定，通过深入研讨，确定技术挑战与需求，共谋增强现实未来发展。

### （二）利用虚拟现实技术开展复杂结构设计，提升航天器研制效率

2017 年 4 月，俄罗斯"能源"火箭航天集团公司建立的俄罗斯首个航天飞船与模块舱虚拟设计中心正式启动运行。该中心 2016 年 10 月开始筹建，利用先进的虚拟现实（VR）技术，使设计人员通过佩戴 VR 设备"进入"飞船或模块舱内部，在虚拟的数字空间内开展特殊或复杂结构设计工作。该中心能模拟多种任务的解决方案，如模块舱内复杂机载设备的集成、

大量设备连接线缆的铺设任务等,并能迅速将解决方案转化为设计文件。该中心目前配备 3 个图形工作站、3D 投影仪及屏幕、VR 头戴显示设备和 15 幅 3D 眼镜,可同时容纳 16 名专家进入其中工作。该中心的投入使用将加速俄罗斯新型火箭航天装备的建造进程,在降低人工成本的同时保证装备质量,未来该公司新型航天飞船和模块舱都将借助该中心开展设计研制工作。

**(三)利用虚拟现实技术发现潜在设计问题,节省飞行器研制成本**

洛克希德·马丁公司在 2010 年仅用 500 万美元建造了人类协同沉浸实验室(CHIL),通过运用虚拟现实和增强现实工具,每年至少节约 1000 万美元,因此,洛克希德·马丁公司已经得到了显著的投资回报,并且持续增长。

洛克希德·马丁公司最先在 F–22 和 F–35 项目中使用 VR 技术和工具,之后扩展到了几乎所有产品、工装和设施的设计中。工程人员可以进入"穴式自动虚拟环境"(CAVE),操作全尺寸的 3D 模型,它以全息影像形式在空间中漂浮。在太空飞行器和卫星系统的研制过程中,公司每年执行 2~3 次"深潜式审查",工程人员处于虚拟环境中,以在实际生产线上以相同的顺序组装数千个零件,识别任何问题或潜在的改进之处,通过提前修正这些问题节约时间和成本。未来,洛克希德·马丁公司将进一步扩展 CHIL 的远程能力,通过网络允许任何人从任何位置连接到 VR 系统,从而节省时间和成本,更快地改进设计。

**(四)利用虚拟现实技术提升战车和舰船数字化研制能力**

BAE 系统公司在 2017 年澳大利亚仿真技术与培训大会(SimTecT)上演示了一套沉浸式仿真软件包,已用于包括 AMV35 轮式装甲车在内的武器装备设计研发,显著提升了澳大利亚国防数字化研制能力。该系统采用融合了计算机辅助设计和游戏软件的 3D 仿真技术,可为武器装备原型系统研制和系统升级提供沉浸式模拟投影,通过用于设计和建造过程的数字化模型,能够预测维护需求和用户需求。基于虚拟现实的仿真技术在英国皇家海军 7 月份开始的 26 型全球战斗舰建造中也有广泛应用。通过识别和确定潜在的设计缺陷,在数字化研发阶段就解决潜在的安全问题,规避了代价高昂的延误,并确保更安全的工作环境,有效降低了设计和制造所带来的安全和运营风险。

## 四、加强计算智能和机器学习应用,推动国防工业设计工具智能化

随着武器装备系统朝多功能化和集成化方向发展,设计工具必须优化革新,以使设计人员能够应对复杂度日益提升的设计问题。2017 年,美国国防部强化对云计算、大数据、先进计算等人工智能相关领域的投入力度,基于计算智能和机器学习的优化设计技术不断得到发展,极大地扩展了设计空间,简化了复杂参数模型的优化设计流程。

### (一)强化对云计算、大数据、先进计算等人工智能相关领域的投入力度

美国国防部 2017 财年对于云计算、大数据和人工智能技术方面的投入高达 74 亿美元。这意味着相关技术领域的投入自 2012 年以来增长了 32%,其中量子计算、虚拟现实和机器学习等方面的投入增长更为显著。尽管云计算、人工智能和大数据在过去 5 年里都出现了大幅增长,但人工智能占支出增长的主要部分,并被认为是美国国防部实现军事优势和威慑能力长期战略的"技术基础"之一。

在先进计算能力方面，2017 财年总投入接近 4.25 亿美元，同比增长了 86%。由于先进计算技术可以用来增强人工智能，如深度学习技术和发展自主车辆系统，超过 1/3 的投入由美国国防高级研究计划局牵头。云计算被认为是美国国防部为其人工智能系统所提供大量数据的存储中心。大数据工具，特别是数据处理和数据防护，也被视为有助于净化和验证信息的关键组件。2017 年 5 月，美国国防部宣布创建"专家"（Maven）项目，用于加速整合大数据与机器学习。通过"专家"项目预计需要 24 ~ 36 个月的时间才能让人工智能向战场提供支持。

### （二）将机器学习用于先进设计框架研发

2017 年 11 月，美国联合技术研究中心（UTRC）和美国联合技术公司（UTC）开发了一个名为 Discover 的设计框架，Discover 的目标是将机器学习带入设计过程中，从而快速地生成更为优化的系统。设计师们通常根据以往的设计经验加以改进，寻找部分参数优化的设计方案，但只能探索有限的设计空间。随着系统的多功能化和复杂化，工程师使用传统的方法进行优化设计变得越来越困难。Discover 使用基于物理模型的设计方法，确保设计出的构型在数学上的正确性，通过智能推理能够全面搜索设计空间，以识别所有可行的选项，最后，通过机器学习评估最终设计方案的可行性和合理性。由于引入机器学习算法进行训练，所以很快就会得到比传统设计更加优越的结果。Discover 使设计流程通用化，工程师不必是专家，也能得到更好的低风险设计。过去需要 3 个月完成的计算，现在可以缩短为 10 天左右，极大地缩短了设计周期。

### （三）采用智能生成式设计实现最优设计方案

生成式设计是一种拓扑优化技术，它允许设计人员指定材料、载荷、约束条件和目标重量，然后，由软件自动计算得到几何模型。3D 打印软件

APWorks 和计算机辅助设计软件 Autodesk 使用生成设计方法设计了一个"仿生"A320 机舱分区，比现有组件轻 45%。隔框的设计采用基于黏菌增长模式的算法，它创建了一个高效和冗余的复杂二维网络。框架内的结构使用了一种基于哺乳动物骨骼的算法，在压力点加密，在非压力点较轻。该机舱部件由 100 多个 3D 打印的金属零件组装而成，正在进行认证测试，计划于 2018 年开始安装到新的空客 A320 上。生成式设计算法简化了复杂参数模型的优化设计流程，高保真仿真技术为设计提供了更加真实的模拟环境，使得设计者能更准确地将物理原理融入到产品设计中。智能化的优化设计方法往往会产生结构复杂的设计结果，而 3D 打印技术有效地解决了复杂结构的生产制造问题。基于计算智能和机器学习的优化设计技术，有望为航空航天产品从设计到制造的各个阶段带来变革。

## 五、结束语

当前，高新技术武器装备不断涌现，更新换代越来越快，研制周期不断缩短，国防先进设计技术作为高性能武器装备研制的重要手段，对提升产品研制能力和国防科技核心竞争力具有重要意义。人工智能、虚拟/增强现实、数字线索/数字孪生等数字化、网络化、智能化技术与设计技术的紧密融合必将进一步推动武器装备设计方式变革。

（中国航天系统科学与工程研究院　刘骄剑）

# 2017 年智能制造发展综述

智能制造是利用现代传感、网络、自动化、人工智能等技术，实现设计制造过程和制造装备的智能化，是制造业自动化、数字化发展的必然趋势，是 21 世纪先进制造业的重要发展方向和新工业革命的主要标志。2017年，美国"国家制造创新网络"、德国"工业 4.0"、日本"机器人新战略"等智能制造战略都在稳步推进落实，促进智能制造技术的快速发展，呈现如下态势：大型军工企业加速数字化能力建设，为实施智能制造奠定基础；虚拟/增强现实技术在生产制造中的应用取得多项突破；工业机器人继续推动航空航天领域高效、精密、自动化制造水平提升；工业物联网技术开始在军工企业部署实施。

## 一、加速数字化能力建设，牵引智能制造的实施

随着制造企业研发生产过程数字化、自动化、智能化水平逐步提高，以及大数据、物联网、云计算等新一代信息技术的快速普及和应用，制造数据来源和数量剧增，数字化转型成为各国军工企业向智能制造迈进的重

要基础。2017年，美、欧、俄等国家加速推进数字化能力建设，以数字化技术深入应用牵引智能制造的实施。

**（一）数字线索技术助力F-35战斗机快速设计制造**

数字线索技术通过先进的建模与仿真工具建立一种技术流程，提供访问、集成并分析系统寿命周期各阶段数据的能力，使用户能够基于高逼真度的系统模型，充分利用各类技术数据、信息和工程知识的无缝交互与集成分析，完成对项目成本、进度、性能和风险的实时分析与动态评估。

目前，数字线索技术已经在美国F-35战斗机的设计生产获得应用，实现工程设计与制造的无缝连接。设计阶段产生的3D精确实体模型可以用于加工模拟、数控编程、坐标测量机检测、模具/工装的设计与制造等。另外，所采用3D模型也是单一数据源，通过统一的数据，不仅实现了产品设计与制造的无缝连接、降低现场出现工程变更的次数、提高研制效率、高效组织与集成管理数据，也实现了上下游企业的协同仿真分析，从而提高效率、减少返工。

诺斯罗普·格鲁曼公司与美国NLign分析公司合作针对F-35战斗机中机身开展的"面向MRB的数字线索"项目获得2016年12月美国国防制造大会颁发的国防制造技术成果奖。该项目由美国空军资助，旨在缩短装备评审委员会（MRB）在F-35战斗机中机身生产过程中进行劣品处理所用的工时。MRB工作任务之一是处理航空航天部件制造中发生的缺陷，工程人员必须基于缺陷决定该部件是否使用、修理或报废。诺斯罗普·格鲁曼公司利用NLign分析公司的3D可视化软件，通过以下方式对MRB的工程流程进行改进：将数据映射到3D模型，使数据能够在3D环境下可视化、搜索和展示趋势；通过渲染大量工艺和修理数据到3D CAD模型，并在一个熟悉的3D环境中实现快速和精确的分析。经验证，F-35战斗机制造线上

MRB 工时减少了 33%。

### (二)空客直升机公司、罗尔斯·罗伊斯公司等加速数字化能力提升

2017 年 10 月,制造工程师学会(SME)先进制造媒体发文对空客直升机公司、罗尔斯·罗伊斯公司等典型军工企业的数字化发展情况进行了总结分析,指出这些企业都在加速数字化能力提升,扎实推进智能制造发展。

空客直升机公司从 2014 年开始执行"数字化车间"项目,旨在通过部署实施制造执行系统(MES)实现车间数据信息的数字化,进而实现工艺流程标准化、优化生产成本、缩短交付周期、提高产品质量,并增强生产跟踪监测能力,提升生产过程的实时可见性。通过 MES 实施,能够实时收集生产数据、识别故障点,并快速实施纠正措施。空客直升机公司已经在 3 家工厂开展了 MES 实施试点,并认为,MES 实施的好处不仅包括提高工作效率,还包括更好的团队合作、更便捷的管理。目前,空客直升机公司正在寻求将 MES 工具和相关标准化的工艺流程逐步部署到全球范围的所有生产线上,还正在通过在生产线中连接智能工具(如扭力自动控制器等)、执行大数据分析等新技术举措,构建车间级生态系统。

罗尔斯·罗伊斯公司主要通过深度参与美国"数字化制造与设计"创新机构的项目提升数字化水平。一个典型项目是关注供应链 MBD/MBE 改进,目标是利用现有的和新兴的基于模型的定义(MBD)和基于模型的企业(MBE)技术,扩展现有的以零件几何尺寸标注为主的产品定义方法,实现产品全生命周期内的语义模型标注、行为参数标注、环境定义标注等,提升 MBD/MBE 在整个供应链上的互操作能力。另一个典型项目是关注下一代的 MBD/MBE 技术,演示验证基于语义的产品和制造信息(PMI)在零件特征层级上的使用。PMI 将通过将零件/特征定义与设计意图、分析、生产过程规划、检验和维护等产品数据相关联,从而扩展到产品生命周期的

集成。此外，数字孪生、数字线索也是该公司研究发展的重点方向之一。

**（三）俄罗斯多机构推进数字化制造**

俄罗斯工贸部联合几家企业在莫斯科 MAKS – 2017 航展上展示了"俄罗斯4.0"（4.0 RU）数字化工业制造方案模型，以 MS – 21 客机的一个螺栓为例，模拟了从企业提出需求到设计生产再到交付运货商的整个数字化制造过程。展示中，"客户"只要在计算机上输入所需螺栓的基本参数，系统就会自动显示出在俄罗斯有哪些企业可以生产，并能从订单完成期限、价格、物流便利程度等角度对企业进行排序。此外，还可变更螺栓参数，如果出现不符合航空标准的情况，系统会给出相应预警。"客户"确定"订单"后，系统便启动 STAN 公司展出的机床，开始自动制造"订购"的螺栓。该方案未来将提供一种全新的商业模式，将企业内部产品生产的纵向过程以及与客户和合作伙伴的横向关系向数字化转型。

俄罗斯联合造船集团公司下属的中部涅瓦河造船厂将在未来3年实施数字化造船厂项目，旨在提高企业生产效率、缩短新产品研制周期。该项目将把造船过程采用的全部零部件建立数据库，用计算机计算替代产品实物试验，使企业生产能力提高至原来的2倍，缩减生产和维护的时间与资金成本。项目计划于2018年第一季度启动，2020年底完成，计划投资3.5亿卢布，其中1/3由企业自筹。之后，中部涅瓦河造船厂完成的数字化造船厂模型将用于其他国内造船厂。

## 二、虚拟/增强现实技术在生产制造中的应用成为研发热点

虚拟/增强现实技术在武器装备研制生产领域具有广阔应用前景，已成为武器装备设计研发的重要手段之一，其应用已经开始向生产制造、使用

维护等阶段扩展。2017年，虚拟/增强现实技术在制造车间/工厂的应用成为工业企业的研发热点，取得多项突破。

## （一）美国发布世界首份面向工业界的增强现实软硬件功能需求指南

美国"数字化制造与设计"创新机构（DMDII）牵头单位UI实验室和"增强现实企业联盟"（AREA）于2017年4月发布了世界首份增强现实硬件与软件功能需求指南。该指南将指导增强现实供应商面向工业界开展技术和产品研发，推动企业在人员培训与安全、工厂车间和现场服务、设备组装与检修、车间和产品设计等方面实现能力提升。在硬件方面，指南重点关注电池寿命、连接性、视野、移动环境下的存储与操作系统、输入/输出和安全性等；在软件方面，指南关注软件工具、增强现实场景创建和物联网部署等。

## （二）虚拟现实技术支撑空客"未来工厂"项目

2017年8月，作为空客公司"未来工厂"项目的部分，Aertec解决方案公司访问了空客公司菲尔顿工厂的虚拟现实（VR）工作间，演示一款生产设施的布局设计。新工厂模型包含从手持工具到大型工装和装配件的所有对象。系统中模型和实物的比例是1∶1，使用户得到与现实工厂中同样的体验。

VR系统的直观属性帮助Aertec公司在工厂中营造了比仅有CAD模型时更好的空间效果，尤其可以使不太熟悉CAD和技术图纸的技术人员对布局设计有一个直观印象，可高效测试设施的人机工学性能。此外，VR系统还可以作为操作人员的培训工具，使操作人员可以直观体验执行特殊工艺场景，在熟悉工艺操作过程的同时不会干扰实际生产。

## （三）麻省理工学院利用虚拟现实技术实现机器人远程操控

麻省理工学院（MIT）计算机科学与人工智能实验室（CSAIL）的研究

人员 10 月提出，可以利用现有的名为 Oculus Rift 的虚拟现实系统远程操作机器人，以满足制造业中需要远程操作的工作。操作人员佩戴 Oculus Rift 进入具有多传感器显示器的虚拟现实控制室中，通过操作手动控制装置，将其运动与机器人的运动相匹配，完成各种任务。

通过与当前最先进的系统进行对比测试，该系统在 95% 的情况下能够更好地抓取物体，而完成任务的速度提高了 57%，可以在数百英里外操纵机器人。研究团队还希望该系统更具可扩展性，能够服务于不同的使用者，并且与不同类型的机器人及自动化技术相兼容。该项目受到波音公司和国家科学基金会的资助。

### 三、工业机器人技术提升航空航天领域高效、精密、自动化制造水平

航空航天领域一直是先进工业机器人发展应用的重要领域之一。2017年，洛克希德·马丁公司、波音公司、空客公司等航空航天制造商开始着力研究将便携式、可移动、人机协同的机器人，应用于大型复杂结构件、复杂空间位置的高效、精密、自动化制造，引领工业机器人技术的发展方向。

2017 年 2 月，美国洛克希德·马丁公司在阿布扎比防务展上发布全球首台碳纤维复合材料制成的便携式加工机器人。这台名为 XMini 的机器人采用混联（并联 + 串联）构型，具有轻质、便携、易拆装、高刚度、高精度、高适应性和模块化等特点，可替代人工或专用机床完成复杂结构、复杂空间位置的高效精密制造。5 月，该机器人交付空客使用。洛克希德·马丁公司也表示将在 F35 等战斗机生产中采用此设备。

2017 年 5 月，英国 BAE 系统公司透露已在其 F-35 战斗机生产线上安装全新的复合材料机器人全自动精确锪孔加工单元。这套加工单元由多个协作机器人构成，具有柔性夹具系统、先进测量系统等，可自动高质量地完成移动、孔的精确定位、调整姿态、夹紧工件、锪钻等一系列工序，有效解决现有复合材料锪钻设备笨重、制孔效率低、质量一致性差等问题，实现加工效率提升 10 倍，未来将广泛用于军用飞机复合材料构件生产，可为企业节省数百万英镑的生产成本。

2017 年 9 月，美国汽车工程师学会（SAE）刊文对波音公司等开展的工业机器人应用研究进行了详细阐述。例如，波音公司与 Electroimpact 公司合作，针对波音 787 飞机机身装配开发出一个先进的多机器人协作单元——Quadbots，在机身两侧分别配备 2 台 Quadbot 同时工作，可大幅提高飞机机身装配效率，如紧固件安装效率提升 30%，并且装配质量也显著提升。德国弗劳恩霍夫生产技术和应用材料研究所牵头针对大型碳纤维复合材料高效加工制造，开发出一个模块化、自适应、可移动机器人铣削系统，并在一架空客 A320 飞机 7 米×2 米的碳纤维增强复合材料垂尾翼面加工中进行了验证，平均定位误差为 0.17 毫米，可以满足飞机制造公差要求。

## 四、工业物联网技术开始在军工企业部署实施

工业物联网是工业系统与互联网，以及高级计算、分析、传感技术的高度融合，也是工业生产加工过程与物联网技术的高度融合。工业物联网平台通过全方位互相连通，全面贯穿和获取企业各个环节数据，并做出智能处理，实现了自组织和自维护的功能，为构建智能制造系统提供有效的技术途径。2017 年，随着传感器技术、网络技术、信息处理技术、无线射

频识别（RFID）技术等工业物联网关键技术的不断成熟，工业物联网开始在军工企业进行部署实施。

## （一）F-35战斗机生产线引入工业物联网平台

美国Ubisense公司2017年12月6日报道称，洛克希德·马丁公司已在德州沃斯堡市的F-35战斗机生产线上部署Ubisense公司的工业物联网平台——"智能空间"（Smart Space）。通过该平台，构建了F-35战斗机生产线的数字孪生，可大幅提升制造效率。"智能空间"提供更高可见性和控制水准，为洛克希德·马丁公司的"工业4.0"战略提供基础平台。

Ubisense公司的"智能空间"平台建立一个实时镜像现实生产环境的数字孪生（将现实数据映射到数字模型上），将现实世界中的活动与制造执行及计划系统联系起来，可实时监测三维空间中的交互，即时掌握移动资产相关的可见性和可衡量性。该平台不仅能告知资产所在位置，还提供高级别的控制，以确保在指定工作区中不会使用不受控制或不正确的工具。此外，"智能空间"平台还提供对资产和工具的电子审计，详细描述所有客户所配置设备的行踪，使制造商能快速有效地对现场检查做出回应，避免因装配和错过交货期的延误。

## （二）波音公司将采用RFID技术管理飞机零部件

无线射频识别技术作为物联网基础技术之一，是一种利用射频通信实现的非接触式自动识别技术，具有标签体积小、容量大、生命长、精度高、抗干扰能力强以及多目标同时识别等优点。RFID技术应用于制造领域，可提升制造过程、物流链等的智能管控能力。

2017年4月，富士通公司与波音公司签署合同，向波音公司提供FRID集成标签，旨在实现飞机零部件信息管理数字化，提高对飞机零部件全生命周期管理的效率。波音公司将在单架飞机制造阶段的大约7000个主要零部件上增加 RFID 标签，能够对每个零部件进行管理，实现准确地追溯，可大幅提高任务效率、减少人为错误、提高飞机制造生产效率；将在库存管理中使用 RFID 标签，可提高物流运营和库存管理效率；通过使用数字化的飞机准备工作日志（ARL），航空公司可以确保飞机零部件准确、可追溯，从而在维护期间或发生故障时安全快速地提供相应支持。未来，富士通公司还将推出一系列应用程序，用于管理附属于飞机部件的 RFID 标签，以提高各种业务的效率，包括航空公司、飞机零部件制造商和维护公司，支持在航空公司多个业务部门部署实施物联网。

**（三）日本通过柔性工厂合作联盟加速物联网技术在工厂的应用**

欧姆龙公司、电气（NEC）公司、富士通公司、国际先进电信研究所（ATR）、Sanritz 自动化有限公司、国家信息通信技术研究所（NICT）和村田机械有限公司于 2017 年 7 月 26 日联合宣布成立"柔性工厂合作伙伴联盟"，目标是促进无线通信协调控制技术标准化，实现各种无线通信系统的协调控制、稳定通信，推进无线通信等物联网技术在制造工厂中的应用，以提高生产效率，并推广技术标准的应用。

日本政府 2015 年提出《机器人新战略》，明确指出物联网技术是日本智能制造发展的重要战略方向之一，并成立"物联网升级制造模式工作组"，旨在弥补日本制造业在互联网技术上的短板，带领日本制造业重新做大做强。"柔性工厂合作伙伴联盟"中，除 Sanritz 自动化有限公司外，其他 6 家都是该工作组的成员。"柔性工厂合作伙伴联盟"是日本产业界落实《机器人新战略》的一个重要举措，将成为物联网技术在制造业中发展应用的重要推动力。

（中国兵器工业集团第二一〇研究所　李晓红）

# 2017年增材制造技术发展综述

增材制造技术是一种变革性的材料—结构—功能一体化数字制造技术，它集成了制造、材料、信息、控制、机电等现代科技成果，是现代制造技术发展史上的一个重要里程碑和引领新工业革命的颠覆性技术之一。2017年，增材制造技术持续保持快速发展的态势，其具体表现是：工业军事强国多措并举推进增材制造技术的研发及应用；增材制造材料和工艺不断创新；增材制造工艺过程控制和设备能力不断提升；增材制造军事及工业领域的应用逐步深入。

## 一、工业军事强国采取多种措施推进增材制造技术发展

### （一）美国通过标准化及应用研究推动增材制造技术发展

**1. "美国制造"稳步推进增材制造技术发展**

2月，"美国制造"与美国国家标准学会（ANSI）联合发布《增材制造标准化路线图（1.0版）》报告，从设计、工艺与材料、合格鉴定与认证、非破坏性评估及维护5个领域全面分析了增材制造标准化现状，确定了89

项标准和规范缺口，并进行优先等级划分（19 项为高优先级，预期 2 年内解决；51 项为中优先级，预期 2～5 年内解决；19 项为低优先级，预期 5 年后解决），提出了相应的标准化建议，强调需在存在缺口的 58 个技术领域增加研发投入，为标准界指明了标准研制方向，有助于协调并加速增材制造标准与规范的研制，促进增材制造产业规范化发展。7 月，两家机构启动新一轮标准化协作工作，重点对 1.0 版本的路线图进行持续更新，并计划于 2018 年 6 月发布《增材制造标准化路线图（2.0 版）》报告。

11 月，"美国制造"启动"面向低成本维护的先进制造技术成熟"3 期项目招标，拟重点解决增材制造技术在飞机维修维护及后勤保障应用中存在的问题，实现技术在空军后勤保障领域的广泛应用。招标主题：一是采用基于特征的鉴定（FBQ）技术，确定直接能量沉积（DED）增材制造样件的相关工艺参数组合，保障 DED 增材制造技术在大型航空航天零部件生产中的应用；二是基于现实状况，制定增材制造评估和表征流程，对粉末污染、过程中断等缺陷进行分析预测，并量化缺陷对增材制造材料机械性能的影响；三是开发适用于非关键性零件的新兴增材制造技术，并评估其能力。

**2. 联邦航空管理局制定增材制造战略路线图，应对航空航天增材制造技术发展**

9 月，美国联邦航空管理局（FAA）与美国航空航天局、美国空军、美国陆军及航空航天工业协会共同制定《增材制造战略路线图》草案，建议采取措施，从监管的角度应对航空航天工业增材制造的迅速发展，内容涉及增材制造产品与工艺的认证、设备与零部件的维护、技术的研发以及教育培训等方面。

### (二) 俄罗斯先期研究基金会提出增材制造技术发展重点

6月,俄罗斯先期研究基金会在新西伯利亚"技术工业－2017"论坛期间召开增材制造技术大会,就俄罗斯增材制造技术现状、发展重点等进行讨论,明确俄罗斯增材制造技术发展存在的主要问题是国产增材制造设备、原材料及质量检测设备缺乏;提出重点推进设备、原材料的研制生产,制定规范文件及行业标准,应用软件开发,加快培育增材制造领域专业人才等发展策略。

### (三) 欧洲加快增材制造研发步伐

6月,欧洲机床工业协会发布《欧洲增材制造战略》报告,指出欧洲未来增材制造发展重点:教育与技能、标准与认证、知识产权与专利发展、信息技术与网络安全、融资途径、健康与安全、国际贸易等,并针对重点领域当前存在的问题提出了相应建议,以确保欧洲增材制造发展的领先地位。10月,英国发布《国家增材制造战略(2018—2025)》,从国家层面做出统一战略部署,有目标、有步骤地推动增材制造技术发展,解决增材制造商业化应用程度不高的问题。

### (四) 韩国政府加大增材制造技术投资力度

韩国政府在第八届信息通信战略委员会会议上提出加大增材制造投资力度,2017年预算投资达350亿韩元,旨在推动增材制造技术在韩国汽车、航空航天及国防等领域的应用,实现"2019年前培育5个增材制造领域的全球领导企业、全球市场份额提升至6%"的目标。

## 二、增材制造材料与工艺不断创新

### (一) 增材制造材料向复合材料、玻璃、石墨烯及"超材料"等扩展

(1) 复合材料增材制造取得多项进展。意大利图灵理工大学通过在由

聚乙二醇二丙烯酸酯（PEGDA）和聚乙二醇单甲醚甲基丙烯酸酯（PEG-MEMA）两种聚合物组成的基质材料上，按比例添加多壁碳纳米管，研制出增材制造导电碳纳米管复合材料，可采用数字光处理增材制造设备制造多种结构；美国劳伦斯·利弗莫尔国家实验室开发出一种新型直写工艺，可精确成形用于航空航天领域的复杂碳纤维复合材料构件，构件性能更高，在同等强度下，所需碳纤维用量可减少2/3；麻省理工学院增材制造可精确控制内部结构的仿海螺壳体复合材料，其防裂纹扩展性能是其最强基材的1.85倍，是传统纤维复合材料的1.7倍，适于制备抗冲击防护头盔或人体装甲。

（2）透明玻璃增材制造。美国劳伦斯·利弗莫尔国家实验室研制了由玻璃颗粒的浓缩悬浮液形成的流动性可控的定制油墨，在室温条件下进行3D打印，制成透明玻璃件，并对制件进行热处理致密化和光学质量抛光。该技术有望提高透明玻璃光学均匀性，未来可能改变激光器和其他光学元器件的设计和结构。

（3）石墨烯增材制造。美国堪萨斯州立大学仅利用石墨烯氧化物和水的混合物液滴，无需其他原材料，就在改装的喷墨打印机上打印出形状可控、密度仅有0.5毫克/厘米$^3$的石墨烯气凝胶，可用于柔性电池及其他半导体器件，还可用作建筑物隔热材料。

（4）电磁超材料增材制造。在美国海军资助下，杜克大学利用一种与增材制造设备兼容的导电材料，采用普通增材制造设备制备三维电磁超材料，其导电性是目前市场上其他增材制造材料的100倍。测试结果表明，3D打印出的超材料立方体与电磁波的作用比二维对应超材料好14倍。

（5）太空最耐热聚合物增材制造。弗吉尼亚理工大学采用增材制造制备卫星和航天器用隔热高性能聚酰亚胺材料Kapton，可在548℃的高温下保持其性能，且与传统工艺制造的材料热性能相同。

**（二）多项金属增材制造创新工艺涌现**

（1）创新型光源技术变革激光增材制造。英国谢菲尔德大学开发"二极管区域熔融"工艺，使用短波（波长808纳米）激光阵列，提高了单个准直和聚焦光束的吸收，使熔点在几毫秒内超过1400℃，实现一系列激光器大面积并行熔融，提高了增材制造速度，还可按需开、关每个激光器，以有效控制能耗，可替代现有激光增材制造工艺，提高制造效率并节能。美国劳伦斯·利弗莫尔国家实验室开发"基于二极管的增材制造"（DiAM）技术，改变了激光光源系统，颠覆了当前激光金属增材制造逐点或多点扫描成形的方法，将激光点扩展为与加工图样吻合的照射面，能瞬间融化整层金属粉末，成形速度可提高200倍，成形效率和成形质量显著提升，将推动金属增材制造技术在批量化生产中的应用；制成的原理样机主要包括大功率激光二极管阵列、晶体脉冲激光器、光寻址光阀（OALV）单元、LED光源、铺粉系统等设备。德国弗劳恩霍夫激光技术研究所开展绿色激光选区熔化系统研究，计划在特建的实验室进行绿色激光光源的开发，以产生波长为515纳米的激光光束，用于熔化铜与铜合金，解决目前激光选区熔化设备（常用激光波长为1微米）难以实现铜或铜合金增材制造的难题，实现铜或铜合金材料的高效增材制造。

（2）高强铝合金增材制造技术取得突破。美国休斯研究实验室基于成核理论，利用纳米颗粒官能化技术，将经过锆基纳米颗粒官能化的高强合金粉末原料，送入增材制造设备中进行粉末床激光增材制造，在熔融和固化过程中，纳米颗粒成为所需合金纤维组织的成核点，进而防止热裂纹的产生，并使增材制造零件保有合金本身的高强度，解决了Al7075、Al6061等高强铝合金实现增材制造的难题，为高强钢、镍基高温合金等高强合金增材制造奠定了基础。

（3）低成本电化学增材制造技术取得进展。英国帝国理工学院研究"低成本桌面电化学金属3D打印机"，开发采用电镀工艺的电化学增材制造技术（ECAM），以金属离子溶液为原料，以导电基底为生产表面，通过喷嘴将金属粒子溶液滴入导电基底，使金属粒子发生电化学还原，移动打印头重复上述过程，以建立三维对象。ECAM具有设备成本低、材料无热损伤及易高效回收利用以及多打印头可实现多金属材料打印的优势，缺点为打印速度慢。

**（三）混合增材制造工艺不断创新**

（1）混合电子打印取得进展。谢菲尔德—波音先进制造技术研究中心（AMRC）开发的混合3D打印工艺——THREAD可将电子元件、光学元件和结构元件通过3D打印方式植入部件，使部件实现结构功能一体化，也可作为附加技术，集成到各类3D打印平台，用于航空航天等产品中需要电气互联的功能性部件，全自动化的THREAD工艺已在聚合物3D打印设备上得到验证。美国空军研究实验室与哈佛大学联合开发出一种用于软电子器件的新型"混合3D打印"技术，将柔性导电油墨、基体材料与刚性电子组件集成到一个单独的可拉伸的装置中，电子传感器可以直接3D打印到软质材料上，可以数字拾放电子元件，并打印完成读取传感器数据所需的电子电路的导电互联，可用于制造可穿戴电子设备。

（2）增材与铸造工艺结合的复合工艺。美国橡树岭国家实验室开发一种两步加工新工艺，先采用选择性激光熔化增材制造一个316不锈钢格状结构，将其作为最终成形部件的骨架，再将熔化的液态A356铝合金浇铸到不锈钢格状结构中，制成互相贯通的多相复合材料构件，经验证，相比铝合金制件，断裂应变及耐损伤性能均更高。

## 三、增材制造工艺过程控制和设备能力不断提升

### (一) 增材制造过程监控及部件性能改善手段创新不断

美国空军研究实验室借助美国家同步辐射光源Ⅱ，使用超亮 X 射线对聚合物基复合材料 3D 打印过程及材料进行实时实验分析。研究人员在射线光子相关光谱法光束线上获得了光束时间，并利用其将 X 射线穿过沉积材料层，以毫秒级的时间分辨率同时观察到复合材料 3D 打印过程中材料的结构及动力学特性，实时收集纳米填料的取向和动力学信息，以优化聚合物基复合材料的增材制造工艺参数，提高增材制造复合材料的性能，加速技术进入实用。

美国德克萨斯农工大学等研发出一种通过微波焊接提高 3D 打印热塑性部件强度的新方法，先在熔融沉积成形常用的热塑性线材上涂一层富含多壁碳纳米管（CNT）的聚合物材料，再进行熔融沉积成形，最后通过一种名为"局部诱导射频（LIRF）焊接"的技术用微波照射打印件，以此来增加层间的结合强度，进而将 3D 打印热塑性部件的整体强度提高至原来的 2.75 倍。

### (二) 设备功能、打印速度和打印质量升级

（1）增减材混合增材制造设备打印精度、打印速度显著提高。美国 Fabrisonic 公司开发能在已有超声波增材制造设备中协同定位增材、减材单元的专利技术，将超声波增材制造焊接头转变为一台标准数控铣床 CAT50 刀库中的一个工具，通过协同定位数控铣床中的焊接和铣削功能进行零件加工制造，可在设备体积不变情况下增大零件制造尺寸（最大达 610 毫米×914 毫米），提高设备加工精度（±0.0127 毫米）。3D 混合物解决方案公

司、意大利数控机床制造商 Multiax 公司联合推出大型金属增材制造设备，其配置有 Multiax 公司的 5 轴数控系统，可构建体积超过 500 米$^3$，沉积速率超过 9 千克/小时，只需去除少量材料，就可制造近净形零部件，是未来中、大型金属增材制造设备的发展趋势。

（2）增材制造设备功能不断增加。西班牙研制出将增材制造技术与虚拟现实技术相结合，可在虚拟现实环境中通过屏幕对增材制造过程进行实时监控的增材制造设备。采用这种设备，既可以在任一时间点上对增材制造构件进行监控，又可以实施必要的检查或干预措施，有可能改变未来工厂的运作模式。美国国家标准与技术研究院开发"增材制造计量测试平台"（AMMT），用于对不锈钢、钴铬和镍合金等金属增材制造工艺进行深入研究，以催生新的金属增材制造实时监测和计量工具，解决金属增材制造的质量控制问题。AMMT 采用激光粉末床熔化增材制造，但与使用专用软件的商用增材制造设备不同，其完全可控，并可实时修改。

（3）复合材料功能件批产试用型设备推出。美国不可能物体公司发布 Model One 试用型 3D 打印机，采用基于复合材料的增材制造工艺，打印速度及打印材料的强度均比现有产品大幅提升，能够加工包括碳纤维、凯夫拉以及聚醚醚酮混合纤维等高性能聚合物复合材料，正式型号计划于 2018 年推出。

## 四、增材制造军事及国防工业应用逐步深入

### （一）军事领域应用越发广泛、深入

**1. 欧洲开展增材制造军事应用研究**

4 月，欧洲防务局通过"增材制造可行性研究与技术演示验证"项目，

开展军事应用研究,面向整个欧洲的国防领域和增材制造行业相关单位开展调研,确定增材制造技术在欧洲国防领域应用的机遇、挑战以及阻碍其扩大应用的主要因素;通过仿真环境演示验证增材制造对某些军事行动的保障能力;推动增材制造在国防领域的应用,尤其是作战、后勤保障和平台维护等方面。

**2. 武器装备零部件研制**

(1) 武器和弹药零部件研制。美国陆军对增材制造的"RAMBO"榴弹发射器进行了测试,发射15枚榴弹后保持完好,验证了增材制造技术在武器和弹药制造中应用可行性。除弹簧和紧固件外,该榴弹发射器的50多个零件均是利用直接金属激光烧结增材制造而成,其中榴弹发射管和受弹器采用铝粉制成,而触发器、撞针等零部件采用4340合金钢粉末制成,测试榴弹M781训练弹也由增材制造而成。

(2) 潜艇艇体研制。美国海军与橡树岭国家实验室合作开发出首个增材制造潜艇艇体原型。该艇体原型由碳纤维复合材料制成,长约9.14米,采用大面积增材制造技术制造,整个设计、制造及组装过程耗时不到4周。与传统方法相比,极大地缩短了潜艇制造周期,降低成本达90%。美国海军计划建造第二个潜艇艇体,并进行下水测试。

(3) 首个军用卫星零件研制。美国空军与洛克希德·马丁公司合作研究采用激光粉末床熔融工艺制造AEHF-6军用卫星遥控接口装置——容纳航空电路的铝外壳,实现整体成形,大幅缩短制造与装配时间,提高了系统的质量稳定性。

**3. 战地现场制造与维修保障**

(1) 评估移动式增材制造实验室。美国海军陆战队对移动式增材制造实验室(X-FAB)原型进行了现场用户评估。在配备齐全的情况下,

X-FAB重约4.76吨，可由1辆商用平板车运输，由1个6.1米×6.1米的集装箱、4台3D打印机、1台扫描仪及计算机辅助设计软件系统组成，由发电机或岸电电源提供运行动力，仅需4名海军陆战队士兵就能在2~3小时内完成组装与设置，可快速进行受损零件的维修与备件制造。

（2）发展原生材料按需制造。采用战地原生材料进行远征战地灵活按需制造是减少后勤负担的重要手段。美国陆军实施"战地设施自动化建设"（ACES）计划，旨在采用增材制造技术，实现就地取材按需增材制造远征作战设施的能力。作为该计划的一部分，美国陆军建筑工程研究实验室与NASA合作，开发了一种混凝土增材制造设备，并成功建成47.5米$^2$的混凝土营房，所需混凝土建筑材料仅为传统建筑方法的3/8。美国陆军研究实验室围绕3类不同原生材料开展增材制造技术研发，并已取得突破性成果：一是直接利用战地金属废料生产适于增材制造的金属粉末；二是利用战地沙土和3D打印机来制造铸模；三是利用废弃塑料进行增材制造。

（3）按需无人机制造。美国陆军研究实验室测试了一款外壳和桨叶采用增材制造的四旋翼无人机"按需小型无人机系统"，验证仅需预先准备一定数量的关键组件即可按需快速制造小型无人机的能力，从而减少战场供应链压力。美国海军研究实验室研究的新概念微型无人机——近距离隐蔽自主一次性使用飞行器（CICADA），其机身采用增材制造，大幅减少手动装配，成本仅为250美元。

（4）军用飞机零部件维修。澳大利亚国防科技集团开发激光增材制造维修技术，并成功用于C-130J"大力神"军用运输机起落架部件的维修。以色列空军重视增材制造技术的战时应用，以实现禁运或供应链破坏时的战时自给自足，已对增材制造的"苍鹭"和"赫尔墨斯"无人机塑料部件进行飞行测试；还在试验与CH-53、F-16和F-15型飞机相关的小型非关键部件的增材制造。

**4. 网络安全问题受到重视**

增材制造广泛应用于武器零部件的制造与维修，也可为军队提供后勤保障，但是增材制造面临网络安全隐患。美国海军在增材制造技术应用中面临着原型文件被黑客窃取导致军事机密泄露的风险，提出采用区块链技术，建立密码安全、可追溯、不可变和可控的数据流，确保增材制造过程数据安全，提高增材制造系统安全性。纽约大学开展增材制造网络安全研究，指出增材制造设备的网络连通性使其可能会遭受外部攻击（改变增材制造软件，导致最终产品无法使用；窃取计算机辅助设计文件，异地重新生产同样的产品），并针对高价值增材制造项目，提出增材制造网络安全措施：创建本地互联网，避免增材制造设备与整个互联网的连接；设置并在产品增材制造之前验证安全密钥；在增材制造产品内部进行符号或图案编码等。

**（二）飞机零部件生产应用**

挪威钛公司采用其基于线材的快速等离子沉积（RPDTM）专利工艺制造的钛合金结构件通过了美国联邦航空管理局（FAA）的认证，开始为波音787飞机生产3D打印钛结构件；俄罗斯托木斯克国立大学获得订单，开始采用其开发的陶瓷增材制造技术制造直升机发动机零件；英国BAE系统公司增材制造类似机身传感器的聚合物"传感羽毛"，有望实现飞机失速预警，改变机身表面气流，改善飞机性能。

**（三）广泛应用于火箭、飞船、卫星和太空零部件研制**

（1）增材制造火箭零部件。火箭工艺公司的混合火箭发动机燃料药柱3D打印技术获得美国专利，该技术提高了药柱的性能及其制造与操作安全性，同时可解决传统混合火箭发动机设计的振动源难题，提高火箭发动机运行过程中的燃烧速率，促进混合火箭技术的成熟。采用该专利3D打印技术精确制造药柱（管状结构，可同时作为火箭固体燃料源和燃烧室），并可使小卫星发射成本减半。NASA成功测试了首台由铬镍铁合金和铜合金增材制造的火箭发动机点火装置。该点火装置采用由德马吉森精机公司开发、集成了激光喷粉增材制造和数控加工的增减材混合制造技术制成，突破了使用多金属增材制造部件的技术瓶颈，可使未来火箭发动机的生产成本降低1/3，制造周期缩短50%。

（2）增材制造飞船、卫星零部件。美国牛津性能材料公司计划为CST－100"星际班机"载人飞船提供大型、复杂复合材料增材制造承载结构件。俄罗斯研制的、外壳和电池组均采用增材制造技术的纳米卫星Tomsk TPU－120从国际空间站部署升空。

（3）太空增材制造。COSM先进制造系统公司将基于其与NASA合作开发的"电子束自由成形制造"（EBF3）工艺，通过开发电子枪、电子束控制和计量系统，为在轨自主装配项目"机器人装配和服务的商业基础设施"（CIRAS）设计电子束增材制造系统。太空公司在模拟太空环境下对采用增材制造技术制造的类似于航天器结构用梁段的试验，为计划于2018年演示验证在轨增材制造大型复杂结构能力奠定了基础。

**（四）增材制造电子设备、装置零部件应用研究**

IBM公司苏黎世研究分部利用增材制造技术生产出具备供电和冷却功能的厚度仅为1.5毫米的小型氧化还原液态电池。NASA资助美国光机械公司开发电子器件自适应激光烧结系统（ALSS），以实现在更多种类的热敏基板上印制电子电路，并扩大在生产领域的应用。

英国剑桥大学与荷兰埃因霍芬理工大学合作使用纳米增材制造技术，开发出一种纳米级磁路，有可能改善和提高下一代电子器件的处理和存储能力。研究人员采用电子显微镜和气体注射器在平面硅基底上 3D 打印"悬浮支架",之后,将磁性材料施加到纳米支架上,形成能够传输信息的三维纳米结构。

### (五)增材制造技术在核领域应用取得进展

美国爱达荷国家实验室(INL)与西屋公司合作开发了一种生产硅化铀燃料 $U_3Si_2$ 的创新工艺,将传统铀矿石处理用研磨技术与激光成形增材制造技术相结合,大大提升了将生铀转化为可用材料的速度,减少了燃料生产步骤,简化了制造过程,使核燃料经济成本和安全性能都所提高。该工艺通用性强,可用于先进反应堆,还可用于生产其他燃料,已得到美国能源部的支持,进入商业化阶段。

## 五、结束语

变革性的增材制造技术具有数字化、智能化、个性化、定制化、材料—结构—功能—数字制造一体化等特点,可以满足军工领域很多特殊需求,在武器装备研制及生产中具有很多不可替代的作用和广阔应用前景,甚至可实现武器装备快速就地生产,在未来现代化战争中,也将带来后勤保障的革命性变化和作战方式的变革。

(中国兵器工业集团第二一○研究所 苟桂枝)

# 2017 年微纳与精密制造技术发展综述

随着武器装备轻量化、小型化、精密化、智能化发展的逐渐深入,微纳与精密制造技术越来越多地受到发达国家的高度重视。2017 年,国外围绕光学元件超精密加工、光电器件的集成与组装、微小零件的加工与检测等开展了多方面研究,并取得了一定研究进展和突破。

## 一、表面微细加工技术取得多项研究成果

表面微细加工技术是加工光学元件及电子元器件的重要制造技术,近年来已成为微纳制造领域的发展热点。2017 年,美、欧等国开发出多种新型沉积和光刻技术,能够大幅提高光电器件的质量,实现其批量化生产。

### (一)光刻技术取得突破,未来有望实现光电器件的批量生产

2 月,捷克共和国科学仪器研究所通过在一个抗蚀剂层中结合两种不同的电子束系统,实现电子束灰度光刻工艺,这两种电子束系统具有不同的初级电子能量。此外,也可以将高能电子束系统和配有光刻升级的扫描电子显微镜相结合。该技术结合了两种系统的优点,避免了可能带来的限制,

提高了电子束灰度光刻的处理能力，使得制备高度复杂、大规模微型光学器件更容易。

4月，美国布鲁克海文国家实验室开发出全新电子束光刻工艺，实现1纳米量级图形分辨率。研究人员采用日立公司HD-2700C球面像差校正扫描透射电子显微镜作电子束源，使电子束束斑缩小到0.1纳米，能量提高到200千电子伏，解决了光源问题；用聚甲基丙烯酸甲酯薄膜作抗蚀剂层，使电子束在抗蚀剂层中的能量堆积减少，缓解了抗蚀剂材料与电子束之间的相互作用；在5纳米厚氮化硅衬底上旋涂抗蚀剂，使抗蚀剂层厚度小于10纳米，避免了显影过程中的坍塌及粘连。利用该工艺制作出的最小孤立图形尺寸仅为1.7±0.5纳米，阴文图形阵列节距为10.7纳米，阳文图形阵列节距为17.5纳米。新工艺将电子束光刻图形分辨率提高一个数量级，有望大幅推动集成电路制造、微机电系统加工和纳米技术研究的发展。

4月，LightFab公司与PhotoMachining公司正在合作开发利用飞秒激光器改进选择性激光蚀刻工艺。研究人员将硬的脆性材料及其他透明材料（熔石英）暴露于超短脉冲激光器，然后采用化学蚀刻方法对暴露的区域进行蚀刻，因而，蚀刻选择率提高了1000多倍。采用该工艺可在大部分材料内部打印3D图案，用于制作3D精密零件，未来有望在微流体学等领域发挥重要作用。

5月，美国劳伦斯·伯克利国家实验室与阿比姆技术（aBeam Technologies）公司合作研发出纤维纳米压印工艺，用于快速、批量化制造纳米尺度成像探头，生产效率有望由每月几件提升至每天几件。纳米尺度成像探头呈金字塔形，顶部刻有70纳米宽的槽形间隙，用于将强光聚焦到更小的点上，以实现比传统光谱法高100倍的分辨率进行光谱成像的功能。新工艺采用紫外线纳米光刻（UV-NIL）技术，首先制作探头的精确尺寸模具，在模具中填充特殊树脂后将其放置在光纤上进行对准,然后将紫外光导入光纤硬化树脂,最后用金属涂覆探头的两侧完成整个探头的压印生产。新工艺可用于制造任何纳米光学元件,目前已在菲涅尔透镜和分束器制造中得到应用,未来将有效推动纳米光学元件的广泛应用和发展。

7月,芝加哥大学和美国阿贡国家实验室共同开发出名为"DOLFIN"的新技术,可以精确图案化纳米材料,使纳米材料更容易地用于LED显示器、手机、光电探测器和太阳电池。研究团队精心设计了单个颗粒的化学涂料,这些化学涂料可与光反应,如果将光照射在图案化掩模板上时,光直接将图案转移到下面的纳米颗粒层。新技术的光刻质量与传统光刻技术相当,可用于多种材料中,如半导体、金属、氧化物或者磁性材料等电子元件制备的常用材料,为下一代电子器件开辟新路径。

7月,荷兰阿斯麦公司宣布攻克了极紫外光刻机研发过程中长期难以解决的光源技术难题,已成功研制出功率达250瓦的极紫外光源,实现了里程碑式的突破。极紫外光刻机光源功率的高低决定了单位时间内传送到扫描机以实现晶圆曝光的极紫外光子数量的多少,可直接等同于光刻机的生产能力。250瓦极紫外光源的研制成功,意味着极紫外光刻机达到每小时125片晶圆的量产目标指日可待。一旦实现,极紫外光刻机将具有与采用传统浸润式光刻机进行三重或四重曝光的高昂成本相比更高的经济优势。

**(二)新型沉积工艺为光学元件提供性能更佳的表面涂层**

8月,美国东北大学研制出一种新型磁电薄膜天线,天线大小仅数百微米,相当于当前最先进紧凑型天线的1/100~1/10。这种天线由电极、谐振器及支座等部件构成,首先,采用溅射沉积工艺在大于10000欧·厘米的高电阻率硅晶圆沉积厚50纳米的铂层作为底部电极;其次,溅射沉积一层厚500纳米的氮化铝压电薄膜覆盖晶圆和电极,并利用磷酸蚀刻出与底部电极相连的通孔；再次，在氯气环境中用电感耦合等离子体法蚀刻氮化铝层，确定谐振器轮廓，并在氮化铝层上沉积厚 100 纳米的金膜，形成天线的顶部电极与谐振器支座；最后，采用磁控溅射沉积法，在谐振器轮廓内覆盖厚 500 纳米的铁镓硼压磁薄膜，形成多层结构的谐振器，并蚀刻硅基底形成凹腔，使谐振器悬空，制成磁电薄膜天线。这种天线可用于穿戴式电子产品、智能手机、可生物植入或注射的天线及物联网等领域，在军用武器装备中也具有广泛应用前景。

9 月，美国加州大学圣克鲁兹分校与天文学家合作，利用电子工业中的薄膜技术改进望远镜的反射镜，实现采用银代替铝作为天文望远镜反射镜的反射层，大大提高了望远镜的效率。研究人员设计并建造了一个能够容纳望远镜的原子层沉积（ALD）系统，可一层层地在银基望远镜反射镜上沉积保护涂层，具有出色的均匀性、厚度控制和与基材表面的一致性。经验证，该系统为银反射镜样品提供了比传统物理沉积工艺更好的防护涂层。

## 二、集成与组装技术取得多项突破性进展

集成与组装技术的发展进步是提高光电子器件性能，降低功耗、体积和成本的重要途径。2017 年，美、欧等国积极开展集成和组装技术研究，提高集成电路、柔性电子器件、微小光电元件的性能，加速产品的小型化、轻量化进程。

**（一）硅基光电子集成新技术为提高光电子器件性能，降低功耗、体积提供重要途径**

6 月，IBM 公司联合格罗方德公司、三星公司率先推出 5 纳米集成电路制造工艺。新工艺较之前比利时微电子研究中心提出的堆叠式硅基纳米薄

片环栅晶体管制造工艺,在沟道制作难度、环状栅极堆叠层数、晶体管单位面积驱动电流大小等方面具有更大优势。与当前市场上主流的 10 纳米节点集成电路制造工艺相比,新工艺使晶体管在相同功率下,性能提升 40%,功耗降低 75%,单片集成度提高 50%,达每平方厘米 300 亿个。5 纳米工艺将集成电路制造水平提升到新高度,为实现更高集成度、更快运算速度、更低功耗的大规模集成电路的制造奠定了基础。

8 月,韩国科学技术院将织物衬底与发光二极管集成,开发出高可靠性、高柔性可穿戴显示器。研究人员编织密集织物纤维衬底,采用多层壁垒薄膜技术降低表面粗糙度、隔离水蒸气和氧气。经处理后的织物衬底仅几纳米厚,能防漏电和短路。有机发光二极管厚 200 纳米,包括两个金属电极、载流子注入和运输层、磷光发射层及外部耦合层,发光亮度高达 93030 坎德拉/米$^2$,最大发光效率为 49.14 坎德拉/安,工作寿命超过 1000 小时。该有机发光二极管亮度高、柔性好、发光效率高,可用于时装、IT、医疗保健等领域。

10 月,美国麻省理工大学利用硅基集成制备技术实现了二维材料二碲化钼(MoTe2)与硅衬底的集成制造,制备出既可作为发光二极管,又可以作光电探测的器件。在所制备的单层(或双层)碲化钼 PN 结中,电子和空穴可结合辐射光子,或分开形成电流,用作发光二极管或光电探测器。下一步研究人员将探索光源与调制器集成,改进光源发光效率,提高光耦合效率,实现波分复用。未来,采用该技术可将波导、耦合器、干涉仪和调制器等器件直接集成在硅基上,从而可实现更高性能、更小体积的硅基光子集成器件的制造,有望对硅光子学领域产生巨大的影响,加快集成技术发展。

### （二）新型组装工艺推动光电器件微小型化发展

美国能源部 SLAC 国家加速器实验室与斯坦福大学联合开发出一种自组装工艺。该工艺可利用金刚石的最小结构单元——类金刚石，制备出最小直径只有 3 个原子宽、具有铜硫晶核实心的纳米线。该工艺过程是将所有成分混合到一起，硫原子会自动附着到每个类金刚石上；在溶液中时，硫原子与单个铜离子键合，形成纳米线的基本结构单元，再通过类金刚石之间的"范德华"力、吸引力或排斥力使这些结构单元彼此吸引，自组装生长纳米线。由此制备出的纳米线由于实心晶核中不存在缺陷，具有优越的电气性能。更为重要的是，该自组装工艺可能带来新型光电器件和超导材料。

3 月，美国芝加哥大学将嵌段共聚物定向自组装技术与电子束光刻技术相结合，开发出嵌段共聚物定向自组装芯片图形化新工艺。新工艺利用 JEOL 9300 电子束光刻系统构建初始导向模板，选择 2 - 乙烯基吡啶 - b - 聚苯乙烯 - b - 聚 2 - 乙烯基吡啶（VSV）作为定向自组装嵌段共聚物，以聚二乙烯基苯纳米级薄膜作为表面涂层，成功解决了高质量初始导向模板制备、嵌段共聚物选材、表面涂层气相沉积等方面的难题，成功制作出半节距 9.3 纳米的芯片图形，有望以较低成本实现更精细的图形化工艺，推动集成电路向集成度更高的方向发展，加速信息化武器装备小型化、轻量化进程。

11 月，一个国际研究团队研发出一种基于光的组装方式，结合光电镊子（OET）与冷冻干燥工艺，有望实现微小光电元件的低成本、高效率批量化组装。研究人员通过使用光电镊子装配直径 40 微米的焊球，焊球装配完成后，冻结光电镊子装置中的液体，然后降低气压，使冰冻的液体从固态升华为气态。这种方式使装配完成的焊球在去除液体后仍然保持在相应的位置。这种微细组装的方式应用范围广泛，除了能够辅助电装操作外，还能够安装半导体纳米线、碳纳米管、微型激光器以及微型 LED 等，也可以用来生产更加安全快速的电池替代品。研究人员正在开发一个软件界面，可根据需要组装元件的数量来控制光照的产生，并使用计算机控制移动，最终目标是使用这种装配方式同时组装全系统的电子元件（如电容、电阻）及光子元件（如激光器、二极管）。

### 三、微机械系统制造技术发展迅速

微机械系统制造技术的发展为实现武器系统的微小型化、降低成本和能耗提供了可能。2017 年，微机械系统制造技术在微装配和微检测等领域取得多项进展。

**（一）微细加工技术实现微小零件的超高精度切割**

7 月，美国傲马（OMAX）公司开发出用于切割极小零件的微磨料水射流加工系统——MicroMAX® JetMachining® 中心，可用于医疗、半导体制造、航空航天等行业，进行微小型零件的切割加工。该系统采用 OMAX 公司具有知识产权的线性牵引驱动系统，其使用的光学编码器最高可提供 0.1 微米的定位精度，保证了系统具有超高精度，切割过程中不会改变材料完整性，可加工钛、碳纤维、不锈钢、石墨、玻璃、铜等多种材料，尤其善于加工采用易碎材料、非导电材料和反射材料制成的具有严格公差要求的复杂几何结构。目前，该公司已与 NASA 喷气推进实验室合作，采用该系统制造出小行星夹紧工具所需的微小型零件样件。

**（二）可用于微装配的新型机器人将推动产品微型化发展**

9 月，英国曼彻斯特大学通过在特定溶液中进行化学反应，研制出纳米级"分子机器人"，尺寸只有百万分之一毫米，仅由 150 个碳、氢、氧和氮原子组成，数百亿个这种机器人堆叠在一起，也只有一粒盐大小。分子机器人类似于汽车装配线上的机器人，通过编程以不同的形式来防止并固定各种部件，打造出不同的产品，能够极大地减少材料需求，降低对于电源的需求，推动其他产品的微型化。未来这些机器人有望用于医学、分子工厂及装配组装线等。

**（三）微小结构检测技术可快速检测光电器件的纳米级缺陷**

由以色列和美国纽约城市大学研究人员组成的国际研究团队在测量若干个具有不同厚度的纳米级薄介质层后发现，当光以某个特定的入射角度照射该介质层时，甚至能够感测到仅 2 纳米厚度的不同。该研究表明，光可以在比光波长更短的微小结构中被捕获，并由此可探测到该结构中的微小变化。该研究成果将有助于快速测量出计算机芯片和光子器件中的纳米级缺陷。

（中国兵器工业集团第二一〇研究所　李良琦）

# 2017年生物与仿生制造技术发展综述

生物与仿生制造是21世纪初迅速崛起的新兴技术，因其具有超出常规制造技术的显著优势，已成为国防先进制造技术创新发展的重要方向。生物与仿生制造领域研究重点主要包括两个方面：一是直接将生物手段作为制造工具使用，成形出新材料、新结构、新装备以及生物组织；二是利用生物原理，通过模拟生物形体与功能实现材料、机械结构或装置等的制造。另外，随着3D打印技术的快速发展，其在生物仿生制造中的应用也日益广泛，为解决复杂仿生结构和人体器官组织的制造难题提供有效途径。2017年，美、欧等发达国家持续重视生物与仿生制造技术发展，通过制定相关科研计划，实施研发项目，推动上述领域多项技术取得突破性进展，在提高武器装备防弹、防腐、防污性能，促进新装备研发，以及人体皮肤创面、受损组织和器官修复等方面展现较大应用潜力。

**一、美、欧等发达国家持续重视发展生物制造，积极制定相关发展战略与计划，大力资助生物制造技术研发应用**

2017年2月，美国航空航天局（NASA）投资1500万美元用于支持太空生物工程利用中心（CUBES）推进一体化、多功能、多生物体的生物制造系统研究，以生产燃料、材料、药品和食品。美国陆军制造技术（ManTech）规划在2019—2023财年投资重点中，将先进的组织生物制造作为其在医学领域的优先发展重点。美国国防部牵头的增材制造创新机构也在持续加强3D打印活细胞技术研究，致力于通过综合性修复和更换细胞组织制造新的皮肤或器官，用于士兵战场损伤修复。美国能源部启动生物能源研究中心计划第三轮资助，2018—2022年将投入2亿美元资助由橡树岭国家实验室领导的生物能源科学中心、由劳伦斯伯克利国家实验室领导的联合生物能源研究所、由威斯康辛大学麦迪逊分校与密歇根州立大学联合领导的大湖生物能源研究中心以及新增的由伊利诺伊大学厄本那香槟分校领导的先进生物能源和生物基产品创新中心4个生物能源研究中心，以加速发展生物能源基础科研与技术，持续降低纤维生物燃料生产成本，增加生物燃料的使用，减少美国对外国石油的依赖。2017年9月，欧洲海洋局发布《海洋生物技术：推动欧洲生物经济创新发展》报告，明确2020—2030年在海洋生物制品创新、海洋生物质开发与利用等5个领域面临的挑战，提出基于海洋生物技术发展继续拓展海洋开发空间，提升海洋生物活性物质研发利用能力等7个关键行动领域，为欧洲海洋生物技术未来发展指明方向。韩国2017年7月发布《国政运营五年规划》，其中科技领域的规划方案将生物领域发展作为高附加值产业培育重点之一，将资助核心技术开发、人才培养、产业化等。

## 二、将细菌直接用于新材料制备研发活跃

利用生物体制备新材料是近年来生物制造领域的发展热点之一。2017

年，美、欧等国利用细菌开发出多种新型功能材料，在腐蚀防护、耐候性、绿色环保型等方面展现良好应用前景。

**（一）超疏水耐腐蚀涂层提升钢结构防护性能**

英国斯旺西大学利用常见的土壤细菌——链霉菌，开发出一种用于钢结构的环保型耐腐蚀涂层。研究人员基于该细菌细胞膜表面具有疏水性且能够保护生物体避免变干的特性，将这种生物材料提取出来，溶解后得到可沿疏水/亲水界面完成自组装的蛋白质溶液，最终获得厚度小于10纳米的蛋白质基涂层。该涂层可替代目前的防腐涂料，且不会降低涂层防护性能，并能够承受高温高寒，在航空航天等领域钢铁产品腐蚀防护方面具有良好应用前景。该技术是英国工程与物理科学研究理事会（EPSRC）和欧洲社会基金联合资助的"细菌蛋白质超疏水涂层"项目的研究成果，其在研发方面的创新受到广泛认可。在此基础上，英国国防与安全加速器（DASA）计划已资助斯旺西大学开展另外两项研究，进一步开发国防领域可用的蛋白质材料。

**（二）微生物纳米线推动电子材料向多功能绿色化方向发展**

在美国海军研究办公室资助下，马萨诸塞大学安姆斯特分校开发出可用于制备绿色环保导电材料的微生物纳米丝线。细菌在自然条件下能够产生一种具有导电性的新型天然丝线，但不同菌种蛋白质细丝的导电性不同。金属还原地杆菌产生的纳米线具有超高导电性，其导电性比硫还原地杆菌高5000倍，非常适合用于制造导电材料、电子器件和传感器。研究人员从金属还原地杆菌株中提取组成微生物纳米线的蛋白质基因，将其植入硫还原地杆菌，更改硫还原地杆菌的遗传性质，使其产生金属还原地杆菌的蛋白质。与化学合成纳米线相比，天然微生物纳米线无需采用有毒化学品和贵金属，能耗低，且最终产品不含有毒成分，优势显著，为开发新型多功能环保材料、电子设备和传感器提供了更大可能。

## 三、基于生物原理制造新材料新装备的能力越来越强

仿生制造为军用新材料、新装备的研制生产提供了重要技术途径，是国防制造技术未来发展的重要方向。2017 年，发达国家国防领域高度重视仿生材料与仿生机械制造技术发展，先后突破新型防护材料制备、低成本仿生芯片制造、仿生蝙蝠机器人制造等多项关键技术，推动仿生制造技术水平不断提升。

### （一）多种新型仿生防护材料展现巨大军用潜力

高弹高韧人造蛛丝绿色制备技术取得突破。2017 年 7 月，英国剑桥大学成功研制出一种性质与天然蜘蛛丝相似的高弹性、超强韧液态线状纤维，在防弹装甲、增强纤维织物等军用领域具有广阔应用前景。蜘蛛丝是最强韧的天然纤维之一，制造出媲美天然蛛丝的人造纤维，是材料学的重要研究方向。这项研究揭示了人造蛛丝是如何实现多次拉伸后仍可保持紧绷不变形的原因，找出了纤维弹性与液滴表面张力的平衡点，并使用油滴和塑料纤维制备出这种人造蛛丝。与现有生产方法相比，这项新技术能耗低，无需使用有毒溶剂，在室温下就能操作，可改进人造蛛丝及其他各种合成纤维的生产。

美国海军开发出仿鳗鱼黏液材料的合成方法。这种黏液可用于制造防弹、防火、防污、潜水保护产品或防鲨喷雾剂，未来还有望为军舰提供非致命性武器防护。八目鳗在遭到捕食者攻击时，可利用其身体中射出的黏液快速形成一张水下"保护网"逃离攻击。研究人员利用大肠杆菌制造出两种由八目鳗合成的蛋白质（阿尔法蛋白和伽马蛋白），然后，在溶液中将

两种蛋白结合，即可使合成的黏液发挥作用。

### （二）仿生芯片供能装置助力小型机器人低成本化

在 DARPA 资助下，麻省理工学院研究通过模仿树木的营养及水分传输方式制备出"微流体泵"，使用方糖对芯片供能，为今后制备低成本小型机器人奠定基础。使用带孔塑料模拟树木的木质部和韧皮部通道。木质部通道充满水，韧皮部则包含水和糖分，两者之间通过一个半透膜分离。在韧皮部的通道处安放另外一个膜，膜上面放置一块方糖，用来模拟树叶在光合作用过程中形成的糖分。芯片连接一个管路，使系统可以从水箱吸取水。芯片可在几天内按照恒定速率自动吸取水分，而此前开发出的系统只能正常运行几分钟。

### （三）模仿蝙蝠飞行的仿生机器人问世

美国伊利诺伊大学香槟分校通过模仿自然界中飞行机制最复杂的生物——蝙蝠，研制出世界上最先进的扑翼/蝙蝠无人机——Bat Bot。该无人机由 1 个微处理器、1 个 6 自由度惯性测量单元、5 个直流电机、碳纤维框架、3D 打印零部件和厚度只有 56 微米的硅基薄膜机翼等组成，质量仅 92 克，具备 57%的蝙蝠飞行动力学性能。该无人机可用于极度危险的地区，为搜索营救任务保驾护航。

## 四、3D 打印与生物仿生制造融合发展加速

3D 打印技术因在复杂结构制造方面具有显著优势，正在向包括生物制造在内的其他多个领域渗透和融合。利用 3D 打印技术制造复杂生物仿生结构正成为生物制造领域新的发展热点。2017 年，随着 3D 打印技术的迅猛发展，其在复杂仿生材料、生物仿生装备和人体器官再生修复等方面取得多

项突破。

**（一）3D 打印新型生物仿生传感设备取得多项突破**

英国 BAE 系统公司基于游隼生理机能开发出 3D 打印的聚合物"传感羽毛"，这些"毛发"细丝可像飞机机体上的传感器一样，在飞机出现失速危险时提前预警。另外，通过在机体表面密集安装被动式聚合物长丝，还可改变靠近飞机表面的气流，有效减少机翼遇到的阻力，使飞行速度更快。

在美国海军研究办公室等机构的支持下，麻省理工学院突破保持生物活性及确保材料强度和适用性等难题，利用 3D 打印和微成形技术制备出以水凝胶为基体、以经过基因设定的大肠杆菌为活性体的新型活性材料。这种活性材料所含水凝胶质地坚韧、富有弹性且具有生物相溶性，含水量达 95%，储存的营养液可以保持细菌活性；细菌经过基因设定后可以响应不同的化学物质，使得该材料在遇到特定的化学物质时会发光。该材料可以制作新型传感器，在检测化学物质和污染物方面展现巨大应用潜力。

美国明尼苏达大学利用其研发的特制打印机在室温下制造出可伸展的电子织物——"仿生皮肤"，可使机器人拥有触觉，用于探测爆炸物的可穿戴设备制造，这一成果标志着人类向在身体上直接打印电子设备的目标又迈进了一步。

**（二）3D 打印成为人体器官生物仿生制造的重要途径**

新型仿生血管网络 3D 打印技术使成形速度提升千倍。美国加州大学圣地亚哥分校开发出一种创新的生物 3D 打印技术，能够快速制造出具有很多分支血管的仿生血管网络，可为人体组织和器官供血，用于输送营养物质、代谢产物和其他生物材料，解决了此前的人工血管 3D 打印技术速度慢、价格昂贵、只能生产单一血管结构、与人体自身血管系统兼容性差等问题，为器官安全植入人体打下重要基础。该技术利用廉价的生物相溶性材料，通过计算机控制紫外光照射到含有活细胞和光敏聚合物的溶液中，使聚合物固化，活细胞附着在聚合物周围，形成一层含有活细胞的二维聚合物层。通过连续扫描的形式，二维聚合物层逐层累积，逐渐形成三维固体聚合物材料封装活细胞结构，最终发展成生物组织，整个制造过程仅需几秒，而采用其他3D打印技术成形简单的结构通常也需要数小时。经验证，采用该技术制成的含有血管内壁内皮细胞的血管结构（尺寸为4毫米×5毫米×0.6毫米），经过体外培养移植到动物体内，能够与动物自身的血管网络形成一体，血液循环正常。

3D打印活性人体皮肤首次获得成功。西班牙马德里卡洛斯三世大学与BioDan集团等合作研制出3D生物打印机，突破不同生物成分混合、按序沉积等关键技术，通过喷嘴将不同生物成分组成的生物墨水按照一定顺序和速率沉积，首次证明使用3D打印技术可以制成与人类皮肤相似的结构，在皮肤烧伤修复、药品测试等方面展现良好应用潜力。这种人体皮肤是使用生物打印技术制备出的首批活体人体器官之一，其最外层为角质层表皮，可防止外部环境对皮肤造成伤害，中间层是较厚实的真皮层，最内层由产生胶原蛋白的成纤维细胞组成，可为皮肤提供足够的机械强度和一定的弹性。该技术采用人体细胞和组分来产生具有生物活性的皮肤，因此，这些皮肤可以产生不会发生排异的人类胶原蛋白。

太空3D生物打印技术成为新的前沿探索热点。俄罗斯国家航天集团所属联合火箭航天集团投资开发磁性生物打印机，用于在国际空间站的失重状态下制造人体组织和器官，尤其是对宇宙辐射敏感的组织器官（如"哨兵"器官甲状腺）。这种3D磁性生物打印技术可用于修复航天员长时间飞行期间的受损组织器官，为解决长期滞留太空时宇宙辐射对人体组织和器官产生的负面影响提供新的防治途径。

### (三) 3D打印仿海螺壳材料获得成功

麻省理工学院通过3D打印技术制成能够精确控制其内部结构的仿海螺壳的抗冲击材料,并进行了落塔试验。经验证,这种材料的防裂纹扩展性能是最强基材的1.85倍,是传统纤维复合材料的1.7倍,非常适合用于制备抗冲击防护头盔或人体装甲。海螺壳具有独特的内部3层结构,导致小裂缝传播困难,因此,具有超强的耐用性和抗断裂性。这种仿生材料的成功开发将为大幅提升人体防护装置性能提供重要启发。此外,3D打印技术的引入还将为更好地满足用户的个性化需求提供帮助。

(中国兵器工业集团第二一〇研究所　胡晓睿)

ZHONGYAO

ZHUANTI FENXI

# 重要专题分析

# 美国国防部制造技术规划实施 60 年成就与特点分析

1956 年，美国国防部按照美国法典的规定创立国防制造技术（ManTech）规划。自此，ManTech 规划成为美国国防部指导制造技术发展的重要战略，也是该国唯一致力于发展国防必需的制造技术，实现经济、及时、低风险地开发、生产和维修武器系统的国防部计划。60 年来，ManTech 规划的实施为美军提升武器装备性能、质量以及经济可承受性，降低武器装备采办风险，快速满足作战需求，保持军力优势做出巨大贡献，代表美国国防制造技术的发展重点与方向，也引领世界制造技术发展。

## 一、ManTech 规划基本情况简要介绍

（1）基本构成。ManTech 规划包含陆军、海军、空军、国防后勤局以及跨军种的国防制造科技（DMS&T）、导弹防御局 6 个子规划。各子规划由相应机构负责管理，根据各自需求的不同，研究方向各有侧重。

(2）重点领域。ManTech 规划重点领域包括 4 个，分别是：金属材料制造、复合材料制造、电子元器件与装置制造，以及关注国防制造企业整体能力提升的"先进制造企业"。

（3）组织管理。ManTech 规划由负责研究与工程的国防部副部长代表国防部长管理，其职责是对 ManTech 规划进行授权、指导和控制。ManTech 规划的具体监管由"制造与工业基础政策"国防部副部长助理办公室（DASD（MIBP））负责，其职责是为规划提供政策指南，为国防部制造和工业基础创造良好发展环境，对 ManTech 规划在国防部范围内进行集中指导，确保 ManTech 规划与其他相关计划、部门之间相协调。

（4）协调机构。联合国防制造技术委员会（JDMTP）是 ManTech 规划的重要管理协调机构，由 ManTech 各子规划、DARPA、NIST、NASA、能源部负责制造规划的高级技术管理人员，以及来自国防工业协会、制造工程师学会等工业部门的代表共同组成，其职责是将相关政策转化为具体目标，协助制造与工业基础政策办公室，确定和整合国防部制造技术需求，识别和判断优先投资领域，主导联合计划和 ManTech 战略编制。JDMTP 按照 4 个重点领域对 ManTech 规划的投资进行分类，推动各子规划联合实施，最大限度地实现投资共享，避免重复。

ManTech 规划构成与组织机构关系如图 1 所示。

## 二、ManTech 规划实施 60 年的典型成就

**（一）在美国的 3 次"抵消战略"中均发挥重要作用，帮助美国研发关键的国防技术与武器系统，以确保其获得持续的军事力量优势**

在"第一次抵消战略"中，ManTech 规划通过突破核武器关键技术建

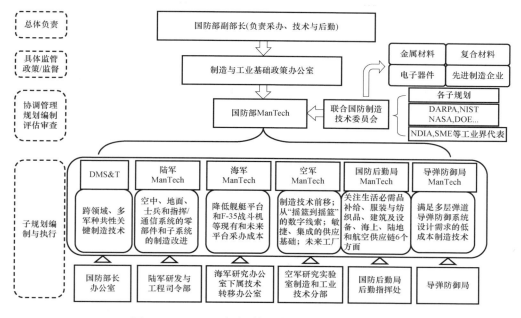

图 1 ManTech 规划构成与组织机构关系图

立了可靠的核能力,以此来抵抗"华沙条约"的威胁;在"第二次抵消战略"中,ManTech 规划利用全面质量制造和六西格玛管理原则,聚焦精密制导武器、隐身系统、空间/夜视传感器和计算机网络,大幅提高武器装备的产能与质量,增强国防工业能力;在"第三次抵消战略"中,ManTech 规划针对美国保持技术优势的军事战略目标,积极推动先进制造技术创新,大力发展智能制造、增材制造、生物制造、纳米制造、基于模型的企业、数字线索等颠覆性技术和新兴前沿技术,为实现下一代军力投放平台和先进武器系统的先期研发奠定坚实基础。

(二)持续推进制造技术改进与工程化应用,显著降低重点装备采办与维护成本

ManTech 规划通过统一协调,针对武器装备重点型号需求以及跨领域共

性问题，实施制造技术研发与验证项目，有效推动技术创新向工程化开发和工业化应用快速转移，在提升产品性能及可靠性的同时，大幅缩短制造周期，节省制造与维护成本。ManTech 规划在 2003—2005 年启动的上百个制造技术研究项目已经实现技术转移，在武器装备上获得应用，带来超过 63 亿美元的投资回报。海军 ManTech 规划和空军 ManTech 规划投资 1450 万美元实施 4 个 F–35 制造技术改进项目，预计在 F–35 战机未来 30 年生产过程中将带来 11 亿美元采购成本节省，并且这些技术还可用于其他武器型号研制；针对弗吉尼亚级潜艇共实施 30 余个制造技术经济可承受性改进项目，实现每艘潜艇艇体采购成本节省超过 2770 万美元；实施芯片级原子钟项目，实现 $C^4$ISR 系统精密计时器单位成本从 8700 美元减少到 400 美元，年生产能力从 10 个增加到 40000 个，采购成本节省约 3 亿美元；实施自动冷喷涂维修工艺项目，显著提升军用直升机飞行准备效率，并大幅节省维护费用，仅 CH–56 直升机一个型号的年维护成本预计可节省 1 亿美元；实施大尺寸经济可承受衬底制造技术项目，解决军用关键红外焦平面阵列碲锌镉（CZT）晶体的国产化问题。

**（三）为满足军用需求研发的先进技术，代表着制造技术的最高水平，引领美国乃至全球制造技术发展**

半个多世纪以来，ManTech 规划资助研发的多项制造技术都具有开创性和奠基性，在有力支撑各类武器装备更新换代的同时，也引领先进制造技术发展方向。例如，20 世纪 50 年代开发的数控机床和自动编程语言（APT）目前仍在全球制造业广泛应用，20 世纪 60 年代开发的先进微电子制造技术为该领域发展奠定基础，20 世纪 70 年代首次研发出精确激光制导导弹和弹药生产工艺，20 世纪 80 年代研发的逆向工程技术时至今日仍在延续，20 世纪 90 年代开发的磁流变抛光技术目前仍在光学元件制造中广泛采用。21 世纪前 10 年，突破多项电子元器件制造技术，保障了军用 MEMS 和 FPA 的研制，成功制造出下一代增强战斗头盔，取代了 30 年前的产品。近 10 年来，ManTech 规划也是增材制造、数字化制造、智能制造等当前全球制造业发展热点的有力推动者。

**（四）积极参与国家制造协同创新，聚焦军民两用技术，在满足武器装备发展需求的同时，有力带动整个国家制造业发展**

自美国国家制造创新网络（NNMI）筹建以来，美国国防部积极响应，聚焦军民口均有迫切需求的先进制造领域构建创新机构，成为落实 NNMI 计划的先锋力量和主要力量。截至目前，美国国防部已主导创建增材制造、轻质金属制造、数字化设计制造、集成光电子学、柔性电子制造、革命性的纤维和织物、生物制造、机器人 8 个制造创新机构，通过 ManTech 规划在 33 个州的多个行业进行投资，带来超过 8 亿美元的工业界、地方政府及高校的配套资金，在上述制造业关键领域实现全方位军民融合，国防部和工业界、学术界等各个创新主体均能从新技术开发中获益，在有效推进国防制造技术创新的同时，带动整个国家制造业发展。例如，轻量化制造创新机构总部位于美国汽车制造业中心底特律，新型金属材料与制造技术的发展将使未来军用车辆和商用车同时受益；增材制造创新机构位于老工业基地扬斯敦，发展增材制造这一颠覆性技术不仅能够为武器装备研制生产与维护带来变革性影响，同时，也将为地方政府实现经济复苏带来转机。

## 三、ManTech 规划组织实施特点分析

ManTech 规划稳定实施 60 年来，通过加强顶层设计，持续优化整体布

局和重点技术领域设置，完善立法保障，建立科学完整的组织体系，实施合理均衡的投资策略，不断探索创新发展模式等多种途径，确保了良好的战略延续性。

### （一）加强顶层设计，根据武器装备发展需求及时对规划整体布局和重点技术领域进行适应性调整，做到随需而动

作为美国发展国防制造技术的首要投资机制，ManTech 规划在确定战略布局和发展重点时会充分考虑不同历史时期国防和军队的需求，根据需求的变化进行适时调整。例如，近 10 年做出两次重大调整：一是根据国防科学局 2006 年开展的 ManTech 规划研究，围绕对多军种或多种武器装备产生重要影响的共性关键制造技术，专门设立国防制造科学与技术（DMS&T）子规划，由国防部长办公室直管，专注于国防优先的跨领域制造技术发展，作为其他各军种和后勤局 ManTech 子规划的有益补充；二是为显著提升军工企业生产效率，快速响应作战需求，2010 年 ManTech 规划对重点技术领域设置进行调整，除继续支持金属材料制造、复合材料制造、电子元器件与装置制造 3 个重点技术领域以外，新增"先进制造企业"作为第四个重点技术领域，聚焦三维技术数据包的研发应用、智能制造、供应链网络的建模与集成等优先发展方向，实现企业内部的全数字化和企业间互联，确保高度互联与协同的工业基础。

### （二）完善制度保障，加强组织协调，确保规划的长期稳定实施

ManTech 规划之所以能够持续稳定实施 60 年，与制度层面的有力保障不无关系，多项法律条令对 ManTech 规划的组织、管理与实施均有明确法定要求。例如，针对 ManTech 的组织机构，美国法典第 10 篇第 2521 项与国防部 4200.15 指令相结合，确定由负责采办、技术和后勤的国防部副部长代表国防部长管理 ManTech 规划，并指导国防部长办公室对规划进行具

体监管①。为促进制造技术与国防工业基础协调发展，依据美国国会 2011 财年《国防授权法案》，国防部专门设立负责制造与工业基础政策的国防部副部长助理办公室（DASD（MIBP）），对 ManTech 规划进行全面监管，提出保持技术优势的相关政策。又如，作为 ManTech 规划的重要管理协调组织，由各军种、DARPA、NIST、NASA 等部门负责制造规划的高级管理人员组成的联合国防制造技术委员会（JDMTP），在协调各个 ManTech 子规划共同确定先进制造关键需求和优先技术领域、指导计划编制、最大限度实现投资共享、建立有效技术转移流程等方面发挥重要作用，美国国会通过 2010 财年《国防授权法案》将 JDMTP 正式写进美国法典，从法律层面明确其重要地位和责任。

**（三）实施科学均衡、快速响应的投资策略，确保经费最有效利用，并及时满足国防需求**

近年来，ManTech 规划年度预算稳定在 2 亿美元左右，约占国防部科技研发资金的 1/300。为及时交付先进的制造技术，在武器装备生命周期内始终能经济可承受地、快速地满足作战需求，采取科学均衡的投资策略，确保经费得到有效利用尤为关键。因此，ManTech 规划提出以下投资原则。一是广泛调研，明确需求。与工业界、学术界以及相关政府部门广泛接洽，通盘考虑技术、经济、政策、预算等因素，明确制造技术需求，确定优先发展领域。二是全面分析，确定重点。从满足最高优先级的国防生产需求、研发成果能成功向生产应用转移、属于跨领域共性制造技术问题、超出行业正常风险的制造技术需求 4 个方面进行全面考察，确定优先投资重点。三

---

① 为推动技术创新能力提升，维持美军技术优势，2018 年 2 月，美国政府对国防科技管理进行重大改革，通过国防部组织结构调整，加强对科技创新资源统筹管理，改革后，包括 ManTech 规划在内的国防部与国防科技管理相关的职能全部划归负责研究与工程的副部长。

是优化比例，保持均衡。综合考虑风险等级、时间范围、技术领域及战略级别（共性需求/各军种子规划任务要求）等方面，使各制造技术领域的投资比例或项目分布保持适当的均衡。

**（四）不断探索创新发展模式，实现从军民分离到军民融合的转变，国防制造协同创新特色凸显**

60年来，ManTech规划不断创新发展模式，从最初的军民分离，发展到军转民、民参军，再到充分依靠民用制造的力量，兼顾军民需求，实现军民深度融合。在ManTech规划实施的前10年，先进国防技术以国家安全为由与民用领域完全隔离。在接下来的30年间，技术逐渐从国防领域向民口部门转移，企业获得大量先进制造技术，成为技术依赖型市场经济增长的主要途径，使国家获得显著经济优势。到20世纪90年代和2000年后，随着全球制造业竞争日趋激烈，以及民用制造技术研发创新愈加活跃，技术转移逐渐从民用领域向国防领域"反转"。近5年来，民用领域和国防制造已经完全结合起来，利用商业技术提供更强大的解决方案已能够满足苛刻的军用环境和寿命要求。尤其是在美国国家制造创新网络建设过程中，通过寻求国防部的军事需求与工业界的商业化需求的结合点，以公私联合、成本共担的方式进行重点领域的协同创新，创建可持续的制造创新生态系统，已成为美国国防部挖掘和利用未来制造技术、满足国防工业和装备发展需求的关键途径。

（中国兵器工业集团第二一〇研究所　胡晓睿）

# DARPA 发展新型设计技术

2015年3月，美国国防高级研究计划局（DARPA）发布新版《保障国家安全的突破性技术》发展战略报告，阐明了在技术扩散加快的大背景下，继续维持当前的全球战略优势地位所面临的机遇与挑战，设定了DARPA未来主要的战略投资领域和投资重点。在"扩展前沿技术"战略投资领域，DARPA正/将从"数学的深度应用"等投资重点来构建新能力。近两年，DARPA密集投资相关基础研究项目，构建并应用新的数学方法进行复杂系统的演示、设计和测试，同时，还针对极复杂的系统开发新的数学工具，力求在保持精度的情况下快速建模，为革命性军事技术变革奠定基础。

## 一、DARPA 发布战略文件，发展可带来颠覆性影响的技术

DARPA是美国国防部直属的17个业务局之一，是美国颠覆性技术开发机构的代名词，也是美国国防技术优势的发源地。

2015年3月，DARPA发布了最新版《保障国家安全的突破性技术》战略指南文件，阐述了4个战略投资重点领域。在"扩展技术前沿"领域，

设定了数学方法和工具的深度应用等投资重点，构建新能力，并将其应用到国家安全领域。

从网络防御到大数据分析，乃至复杂现象的预测模型，许多现实的技术挑战都因相关数学科学的不完善而缺少解决方案。为此，DARPA 正在构建并应用新的数学方法进行复杂系统的演示、设计和测试。同时，DARPA 还针对复杂系统开发新的数学工具，力求在不降低网格精度的情况下快速建模。

## 二、"物理系统不确定性量化"项目取得重大进展

不确定性量化（Uncertainty Quantification，UQ）是量化、描述、跟踪和管理计算和现实世界系统中的不确定性的科学，是实现充分利用数字线索能力的关键因素，在美国已经成为最重要的应用数学研究方向之一。

为改变"设计—试验—验证—再设计—再试验—再验证"的建模设计过程，以及应对多变量复杂军事系统的开发难题，2014 年 12 月，DARPA 启动"物理系统的不确定性量化"（EQUiPS）项目，预算投资 2700 万美元，通过开发新的数学工具和方法，预测并量化复杂系统建模与设计中的不确定性，减少设计复杂军事系统的不确定性。

EQUiPS 项目愿景如图 1 所示。

EQUiPS 项目将统计学与物理建模相结合，将不确定性量化引入到复杂的物理应用中，关注可扩展的方法、模型的生成以及不确定性的设计和决策 3 个技术领域，重点集中在预测精度的估算方法，以实现按预期方式对复杂军用车辆、舰船、航空及航天器等进行首次原型建造与测试。

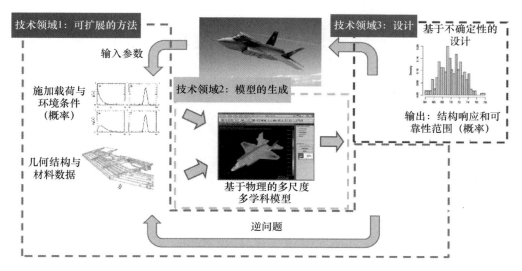

图 1　EQUiPS 项目愿景

2017 年 5 月，EQUiPS 项目一期完成，并取得了重大进展，可成功预测并处理干扰先进舰船和超声速飞机发动机喷嘴性能预测的不确定因素，这些研究成果将有助于实现军用复杂系统的高效、稳健和可靠性设计。美国布朗大学牵头的 EQUiPS 项目研究团队面向"不确定性设计"（DUU）开发了理论基础框架，并将其用于非常规的水翼水面艇设计中。实践证明，项目开发的多保真度仿真工具以及基于风险优化的新概念，可大幅降低仿真和优化的成本。美国斯坦福大学牵头的另一个 EQUiPS 项目研究团队，正在采用物理系统的不确定性量化方法研究用于优化超声速喷气发动机尾喷管的设计，通过对尾喷管的气动—热—结构耦合建模，使尾喷管几何参数从 28 个减少到 7 个，降低了设计难度，同时可缩短设计周期。

EQUiPS 项目最终目的是提高特定设计性能的可靠性，在较低的计算成本和较短的时间内提高模型的保真度，并可考虑使用环境的不确定性，实现军用复杂系统的高效、稳健和可靠设计。

## 三、发展新型设计方法和工具,应对新材料、新制造技术挑战

目前,先进材料和先进制造技术的发展使得产品性能和结构复杂度大幅提升,已超过传统计算机辅助设计和物理建模可处理的范畴。2016年4月,DARPA宣布启动"变革设计"(Transformative Design,TRADES)基础研究项目,旨在解决现有设计技术与先进材料、先进制造工艺间不匹配的问题,以发挥先进材料、先进制造工艺的技术优势。TRADES项目将从材料科学、应用数学、数据分析及人工智能等技术领域,开发新的数学理论和算法、革命性的新型设计工具(图2),以充分利用先进材料及制造工艺,开拓设计领域的发展空间。当前,相控阵雷达、飞机外壳等复杂结构的设计,通常是先单独设计组件再组装起来,设计难度很大,TRADES项目提出的设计工具或可实现雷达直接嵌入车辆,从而有望降低未来武器系统的成本、重量。

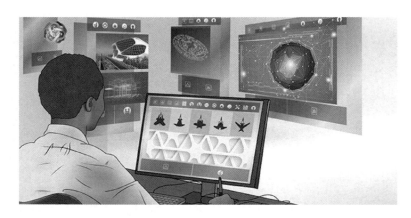

图2 新型设计工具概念

TRADES为一阶段项目,为期48个月,主要解决两个独立但需相互协

作的技术领域：一是设计技术，探索和开发新的数学和计算基础，以改变传统设计过程；二是设计测试平台，为设计技术提供一个软件集成平台，创建一个公共资源，实现协作与共享。

2017年6月，DARPA选定由西门子公司牵头、佐治亚理工学院、密歇根州立大学和施乐帕克研究中心（Palo Alto Research Center，PARC）参与的研究团队，利用各自的优势，联合开展TRADES项目研究。TRADES项目以西门子公司的NX™软件（图3）为基础平台，开发面向未来的设计技术和工具，扩展当前计算机辅助设计的能力，促进创建更复杂的对象，通过3D打印和其他数字技术快速优化"设计—制造"。

图3　在NX™软件平台建模、检验及仿真

此外，2017年4月，DARPA已将"具有互操作性、规划、设计和分析制造"（FIELDS）项目合同授予PARC、俄勒冈州立大学等组成的团队，以开发一种新型计算设计方法，将分析和反馈集成到材料结构、复杂结构设计、先进制造工艺的关键性能标准中。该项目通过创建一种能够自动搜索结构、材料和工艺替代方案的系统，实现从设计要求到制造指令的全自动"编译"，从而颠覆传统的设计制造模式、减轻设计负担、解决产品全生命周期管理系统实际应用面临的重大瓶颈问题，最终提高整体产品质量、缩短产品上市时间。而 TRADES 项目是 FIELDS 项目的扩展项目。

## 四、开发新型混合计算架构，提高复杂仿真计算的实时性

仿真能力的提升必须依赖计算机处理速度和能力的大幅跨越，先进的计算方法和架构成为能力提升的重要手段。2016 年 5 月，DARPA 宣布将开展"高效科学仿真加速计算"（ACCESS）计划，旨在开发一种新型混合计算架构，解决当前计算机体系结构难以满足处理极复杂设计优化和相关问题所需模拟处理能力的问题。DARPA 认为，应针对当前超级计算机面临的物理系统与二进制信息形式之间信息转换的瓶颈，探索解决多尺度偏微分方程描述复杂物理系统的问题（如在等离子体和流体动力学遇到的问题）。ACCESS 计划开发的新混合计算架构能通过可扩展方式模拟这些复杂系统，使台式计算机可以实现上万亿次或更高的计算能力，并能够有效地用于仿真计算应用。通过 ACCESS 计划，可将复杂物理系统的仿真计算时间从数周或数个月缩短为数小时。此外，DARPA 认为，模拟计算方法对于动力学问题具有优势和应用潜力，将其整合到现代计算机体系结构中，可大幅提升处理某些特定问题的能力。

2016 年 11 月，DARPA 已分别授予雷声 BBN 技术公司、BAE 系统公司信息与电子系统分公司 ACCESS 项目合同，核心原则是利用光学、微机电系统（MEMS）、增材制造及其他新兴技术的进步，开发非传统混合模拟和数字计算新手段，最终目标是演示验证一种可在数小时内解决复杂物理系统中大问题的新型、特定台式技术，而现有方法，需要全集群超级计算资源花费数周或数月解决。

## 五、结束语

近年来,DARPA 一直引领着美国国防科技领域以及更大的美国技术生态系统的发展方向,在推动保障国家安全的科技成果转化方面发挥着举足轻重的作用,基础研究在 DARPA 的颠覆性军事技术的创新突破上有着至关重要的影响,处于萌芽阶段的新兴技术"物理系统的不确定性量化""新型设计工具""新型混合计算架构"等,通过数学的深度应用,无限突破现有技术,有望为未来的革命性军事技术变革提供基础。

(中国兵器工业集团第二一〇研究所　苟桂枝)

# 数字线索助力美国空军航空装备生命周期决策

美国空军在2013年发布的《全球地平线》顶层科技规划文件中,将数字线索和数字孪生视为"改变游戏规则"的颠覆性机遇,从2014财年起组织洛克希德·马丁公司、波音公司、诺斯罗普·格鲁曼公司、通用电气公司、普拉特·惠特尼公司等开展了一系列应用研究项目,并已陆续取得成果,其中诺斯罗普·格鲁曼公司主持的F-35中机身制造数字线索项目获得了2016年度美国国防制造技术奖。目前,数字线索已经成为美国国防部数字工程战略的重要推进方向。

## 一、数字线索具备颠覆性意义

### (一)数字线索是基于模型的系统工程分析框架

数字线索旨在通过先进建模与仿真工具建立一种技术流程,提供访问、综合并分析系统生命周期各阶段数据的能力,使军方和工业部门能够基于高逼真度的系统模型,充分利用各类技术数据、信息和工程知识的无缝交互与集成分析,完成对项目成本、进度、性能和风险的实时分析与动态评估。

数字线索的特点是"全部元素建模定义、全部数据采集分析、全部决策仿真评估",能够量化并减少系统生命周期中的各种不确定性,实现需求的自动跟踪、设计的快速迭代、生产的稳定控制和维护的实时管理。美国空军认为,系统工程将在基于模型的基础上进一步经历数字线索变革。

**(二) 数字线索将变革传统研制模式与产品生命周期管理**

数字线索的应用,将大大提高基于模型系统工程的实施水平,达到"建造前飞行",颠覆传统"设计—制造—试验"模式,在数字空间中高效完成大部分分析试验,实现向"设计—虚拟综合—数字制造—物理制造—运维保障"的新模式转变。

数字线索的应用,将使航空装备实现个体化、综合化、可预测和预防性的"使用前保障":单个产品的历史数据对操作、维修和工程人员开放,针对每个产品定制预先维修和修理/翻新方案,维修是基于对损伤和损伤先兆的早期分析识别,大部分保障工作转变为生命周期中的损伤预测、预防和管理。

## 二、数字线索实施需要大幅提升数字化、信息化基础能力

(1) 多学科、多物理、多逼真度建模与仿真。数字线索中使用的系统模型,能够在数字空间全面表达装备系统在各种作战使用场景中表现出来的功能和性能,以检验满足需求的程度,相当于全方位的数字样机,具备多学科、多物理、多逼真度仿真能力。美国国防部开发了飞行器计算研究工程采办工具环境(CREATE-AV),通过数字线索导入其中的飞行系统模型架构,可构建支持气动、动态稳定性和控制以及结构仿真的高逼真物理

特性模型，高效执行分析优化，支撑航空装备概念开发和设计。

（2）数据在生命周期双向流动的组织方式。数字线索改变了以往数据只能正向流动的局面，可将历史与当前的数据、信息和知识集成到各层级、各领域模型中整体分析，保护项目知识产权（私有工具、内部实践）的同时使知识重用最优化。通过数字线索在系统模型中映射物理实体的基本要素，对已建造系统进行精准复制形成的数字孪生模型，可实现对制造性、检测性和保障性的评价与优化，支撑航空装备生产、使用和保障。

（3）数据模型高效集成分析的信息化条件。数字线索首要技术挑战是跨阶段、跨组织、跨领域的互操作性问题，这需要研究并建立数据和模型的交换标准并开发本体论，同时，还要实现顶层IT架构的集成并按项目定制开发IT解决方案和工程工具，特别是高性能计算能力和网络安全防护。数字线索是美国国防部制造工程战略的重要推进方向，通过建立支撑工程活动、协同和相互沟通的基础设施与环境，将助力国防部构建数字工程生态系统。

## 三、数字线索支撑航空装备生命周期高质、高效决策

### （一）航空装备概念开发阶段

数字线索构建可与体系工程（SoSE）方法、作战模型、物理特性模型和真实—虚拟—构造（LVC）仿真模型交互的跨领域"公共模型"，在系统权衡中将装备解决方案、航电架构和体系互操作性彼此连通，对作战效能/军事价值与需求增量成本和风险进行比较，支持在能力规划与分析早期阶段形成可行、经济可承受、可互操作的装备解决方案，并大大减少需求迭代时间。

美国空军在 CREATE – AV 以及基于 SoSE 方法的情报、监视与侦察多解析度分析器（ISR – MRA）的基础上，使用下一代加油机构型，通过上述流程执行了一项数字线索互操作性研究。数字线索使空军首次具备了在早期需求设定阶段处理 SoS、网络、模块化开放式架构、非装备备选方案等要素对飞行系统平台互操作性和互依赖性之影响的能力。

## （二）航空装备设计（包括试验与评价）阶段

数字线索可从宏观和微观上改善飞行器设计过程：利用响应面、模型降阶和概率分析等方法对系统设计进行评价、分析，更好地理解在试系统，减少风洞试验和飞行试验的数量；实施完整的有限元结构分析，支持设计和重量管理的快速闭合；通过对组件耐久性和损伤容限的工程分析，建立疲劳裂纹起始和增长的模型，进行设计特征几何迭代直到满足设计寿命指标。

美国空军针对高性能飞行器静态和动态稳定性和控制（S&C）特性的确定，提出了利用 CREATE – AV、通过试验设计（DOE）设置最少的数据点从而缩短整个风洞试验周期的方法，并且使用 F – 22 战斗机外模线和风洞试验数据库，执行了数字线索试验研究，确认了方法的有效性。

数字线索还可将材料工艺活动集成到系统工程活动前期：建立有充分材料工艺依据的、成本/重量/性能等方面的概率参数模型，建立有充分物理特性依据的材料工艺概率模型，将这些材料与工艺模型和详细设计分析模型连接，并自动更新模型。这将改变从初步设计向详细设计过程中需求单向流动的现状，通过探索设计和制造的权衡空间、量化系统性能的界限和不确定性、优化研制流程并尽量减少在后期发现缺陷，大大降低研制周期和成本。

### (三)航空装备生产阶段

数字线索完整采集供应链中每个零件数据,通过提供保证质量、可复性和高水平过程控制所需的数据,以及各流程点的信息集成,提升航空工业可靠地设计、生产、试验和交付合格零件的能力。普惠公司仅在两个发动机组件制造中使用数字线索,通过量化不确定性和面向波动的设计实现基于性能的产品定义,减少了废品和返工,每年预计可以节省高达 4200 万美元的成本。

诺斯罗普·格鲁曼公司在 F-35 中机身生产中建立了一个数字线索基础设施支撑物料评审委员会(MRB)进行劣品处理决策,通过数字孪生改进了多个工程流程:自动采集数据并实时验证劣品标签,将数据(图像、工艺和修理数据)精准映射到计算机辅助设计模型,使其能够在三维环境下可视化、被搜索并展示趋势。通过在三维环境中实现快速和精确的自动分析缩短处理时间,并通过制造工艺或组件设计的更改减少处理频率。通过流程改进,诺斯罗普·格鲁曼公司处理 F-35 进气道加工缺陷的决策时间缩短了 33%。

### (四)航空装备使用和保障阶段

数字线索能够更好地实现使用和保障之间的数据双向传递,提升健康诊断和寿命预测能力。通过在役飞行器的数字孪生及实时数据采集,能够对单个机体结构进行跟踪:使用所有可用信息(如飞行数据、无损评价数据)基于物理特性(如流体动力学、结构力学、材料科学与工程)进行有充分根据的分析,使用概率分析方法量化风险,并使数据闭环流动(如自动更新概率)。

美国空军与波音公司合作构建了 F-15C 机体数字孪生模型,开发了分析框架:综合利用集成计算材料工程等先进手段,实现了多尺度仿真和结构完整性诊断；配合先进建模仿真工具，实现了残余应力、结构几何、载荷与边界条件、有限元分析网络尺寸以及材料微结构不确定性的管理与预测。综上所述，即可预测结构组件何时到达寿命期限，调整结构检查、修改、大修和替换的时间。

结合增强现实（AR）等智能技术，数字线索还将进一步提升现场实时维护能力。通过数字线索提供实时的数据、检查清单和反馈，F-22和F-35飞机维护人员的活动被记录并添加到数字线索中，未来的维护人员可以在任何地点及时看到一架飞机相关的完成活动流，以优化持续保障活动。

## 四、结束语

数字线索已经成为美国国防部和波音公司、洛克希德·马丁公司、通用电气公司等军工巨头的顶层战略，对提升武器装备需求迭代、产品研制、制造缺陷处理、维护和修理决策的效率和质量产生了显著成效。美国空军计划在E-8对地监视与攻击指挥飞机替换、T-X新一代教练机、远程防区外空射巡航核导弹、下一代全球导航卫星等重要采办项目中推广应用数字线索，优化其生命周期决策。数字线索的实施，将进一步带动多物理联合仿真、高性能计算、工艺在线检测分析、使用保障数据反馈等先进手段的发展，助力美国国防工业全面迈向基于模型的系统工程和智能制造时代。

（中国航空工业发展研究中心　刘亚威）

# 美国国防部先进机器人制造创新机构分析

为促进美国先进制造领域科技创新与成果转化,2012年3月,美国政府宣布启动"国家制造创新网络"(NNMI)计划,在重点技术领域建设制造创新机构。机器人是引领制造业变革的一项关键性技术,美国急需在制造机器人基础研究、技术研发和系统应用等方面加大投资,助力提升"美国制造"水平,巩固其全球领先地位。2017年1月,美国国防部宣布其牵头组建的第8个制造创新机构——先进机器人制造(ARM)创新机构成立,这是美国国家制造创新网络中的第14个制造创新机构,将与网络中的其他机构共同致力于振兴美国制造业。

## 一、创新机构助推美国制造创新,确保美国先进制造领先地位

### (一)机器人技术是美国赢得先进制造竞争优势的前沿技术之一

新一代机器人技术有潜力创造大量就业岗位,可促进经济增长,并能使美国处于先进制造业的领先地位,因此得到美国的高度重视。机器人技术在提高美国劳动力的安全性和生产率上具有巨大潜力,且能使美国在本

国和出口市场上,能与低成本经济开展竞争。2012年7月,美国总统科技顾问委员会发布《赢得本国先进制造竞争优势》报告,将机器人技术作为优先发展的11项前沿技术之一。

### (二) 机器人技术可满足关键国防及工业需求

制造业对国家安全至关重要,是作战部队的关键技术来源。美国国防部需要投资先进的技术,塑造创新能力,及时获得新一代国防系统,其在"国家制造创新网络"计划实施中主导和引领作用凸现。

机器人技术可以应对多个国防平台上的现有和未来挑战,向作战部队提供最有效的机器人制造方法。当前,迫切需要机器人技术满足国防及其他工业的制造需求。尽管机器人技术已在制造业开始使用,但由于资本成本和使用的复杂性(用途单一、重新编程困难、安全人机隔离),限制了中小型制造企业的应用。为此,从关键的国防制造及工业需求出发,美国国防部于2016年6月启动了"制造环境中的机器人"制造创新机构的组建工作,并于2017年1月正式创立先进机器人制造创新机构。

### (三) 制造创新机构将整合全美机器人制造能力,构建国家机器人制造创新生态系统

从研发创新角度看,美国通过壮大、整合覆盖整个国家的优势力量,促成机器人制造网络的形成与循序升级。

先进机器人制造创新机构总部设在宾夕法尼亚州的匹兹堡,由卡内基梅隆大学(CMU)美国机器人公司领导,参与单位实力强大,包括洛克希德·马丁公司、空客公司、雷声公司、通用电气公司、ABB公司、FANUC公司、安川电机公司、西门子公司、罗克韦尔自动化公司、西屋电气公司、达索系统公司等120余家工业企业,以及洛斯·阿拉莫斯国家实验室、橡树岭国家实验室、桑迪亚国家实验室、爱达荷国家实验室、国家国防制造与

加工中心、智能制造创新机构、数字化制造与设计创新机构、先进复合材料制造创新机构等 40 家科研机构和 64 家政府部门与非营利组织。资金来源方面，美国国防部计划分 5 年向机构投资 8000 万美元，其中 2017—2020 财年均为 1800 万美元，2021 财年为 800 万美元，地方政府、工业界、学术界和非营利组织等投入配套资金 1.73 亿美元。高额的配套资金反映出先进机器人技术在美国制造业创新领域的重要性及其对美国企业、学术界、州政府和地方政府的价值。

先进机器人制造创新机构旨在将美国国内分散的工业机器人制造能力进行整合，鼓励企业在美国本土投资开发、验证新型机器人解决方案，并加速其尽早应用，使美国在先进机器人产业全球竞争中赢得优势，同时与美国其他制造创新机构协作，以振兴美国先进制造业。该机构将通过整合传感器技术、末端执行器开发、软件与人工智能、材料科学、人机行为建模以及质量保证等多学科的多元化产业实践和学术知识，开发并推广应用机器人技术，从而构建一个满足制造业需要的机器人创新生态系统。

## 二、创新机构规划了明确的未来目标

美国将机器人置于国家战略高度，通过创建先进机器人制造创新机构，巩固其在全球领先地位。先进机器人制造创新机构通过国防和工业驱动的关键技术开发以及教育与劳动力发展，致力于实现如下使命：一是使美国工人能够对国外的低薪工人形成竞争优势；二是创造并保持新的就业岗位，以确保美国国家繁荣；三是降低不同规模企业采用机器人技术的技术和经济障碍，提升制造能力；四是确保美国在先进制造中的领导地位。

基于上述使命，先进机器人制造创新机构确立了未来 10 年的具体目标：

一是将现有产业工人生产力提高30%；二是新增51万个美国制造业就业岗位；三是确保30%的中小企业采用机器人技术；四是创建满足制造业需要的机器人生态系统。

## 三、创新机构确定了未来美国机器人先进制造技术方向

先进机器人制造创新机构吸纳了各类规模的机器人软硬件开发商、众多军民品产品制造商、大量顶尖院校以及若干国家实验室和其他制造创新机构，重点聚焦航空航天、汽车、复合材料、电子、食品与饮料、物流以及纺织等机器人技术应用时机成熟的行业，重点发展一系列机器人技术，涉及协作机器人、机器人控制、灵巧操作、自主导航与机动性、感知，以及测试、验证与确认等重点技术领域。

### （一）协作机器人

协作机器人是一种从设计之初就考虑降低伤害风险，可以安全地与人类进行直接交互和物理接触的机器人，是下一代机器人发展的重要方向，其主要特点是能像工友一样与其他机器人或人类合作，无需隔离防护。该领域的研究重点：一是面向协作机器人的设计，通过集成软控制技术、新型高性能驱动装置和先进材料，实现机器人与人类工友的安全物理交互，以及执行系列任务时的稳定操作；二是人—机/机—机交互，实现机器人通过直观的界面与人类进行有效沟通，以及识别人类在身体和情绪上的限度，并采取相应系列特定行动；三是监督下的运行保证，提供实时状态感知、安保（包括网络安全）、安全策略检测、调试、故障防护及系统行为验证与确认，保证机器人的安全与性能。

## （二）机器人控制

下一代机器人可通过深度学习调整功能、用途，增强适应能力，从而降低使用机器人的成本。先进自适应控制技术、人工智能技术是支撑该领域技术发展的使能技术，还需具备综合模块化架构的开放式通用框架。该领域的研究重点如下：一是学习与决策，使用案例学习技术，实现协作机器人观察人类或其他机器人任务执行行为，并能在若干安全和性能限制下重复这些行为；二是适应，提高机器人有效使用和集成开源软件、快速修改预确认的算法以及通用软件架构和代码、对制造周期中干扰和变化的自适应相应等能力；三是改变用途，通过修改或替换机器人的物理元件等使能手段，对机器人进行快速经济重新配置的软件工具以及安全协议实现敏捷改变机器人用途。

## （三）灵巧操作

为实现下一代机器人对不同对象的平稳抓取和灵巧操作，该领域将面向复杂末端执行器开发相关硬件，以及面向对象的算法。由于机器人操作自由度的增加，编程将变得更为复杂和耗时，因此，需要对自适应学习进行研究。在该领域，将使用虚拟仿真手段进行末端执行器的优化设计，以优选实现灵巧操作的最佳方法。

## （四）自主导航与机动性

在有人类走动和其他机器运行的制造环境中，下一代机器人应能够对路径规划、自主移动及动态障碍物做出快速响应。该领域重点研究两项使能技术：一是导航、动态路径规划、障碍觉察与规避，实现机器人在动态制造环境中对其尺寸、配置及需规避的障碍物等的状态感知；二是机动性使能条件，实现机器人自主移动。

## （五）感知

对于下一代机器人而言，感知是需要极大提升的关键能力。该领域需要对视觉、触觉、距离、温度、力等的感知模态提前进行分析、融合，使机器人拥有适当的情景感知能力。制造环境中的机器人需要集成具有多种感知能力的感知系统，以监测自身及周围环境，包括检测零部件的缺陷，基于安全和生产率估测人类的情绪和身体状态，基于触觉及其他反馈执行更多的抓取和组装策略。

## （六）测试、验证和确认

辅助下一代机器人开发的虚拟和物理方法与工具（包括建模与仿真），对原型和制造工艺的验证与确认至关重要。这些验证与确认包括基于实证的设计、实施和分析，以及软件测试平台和中央数据库。该技术领域重点开发协作环境建模与仿真工具以及可访问的机器人软件测试平台。

## 四、创新机构相关工作有序开展

自 2017 年 1 月正式成立以来，先进机器人制造创新机构围绕路线图制定、成员队伍发展等有序开展工作。10 月，机构发布首批教育劳动力发展及技术研发项目指南，面向机构会员进行项目征集。其中技术研发主题主要包括：①物品识别与包装，重点开发机械装置、算法和系统来组织零件，实现高效使用和运输；②物品卸载与解包，重点实现耗时卸货任务的自动化；③物品自动化运送，重点开发能穿过混乱空间、安全有效地运送物品的系统；④非标材料检验，重点提供工具，实现柔软及非刚性物体的自动化检验；⑤零部件的跟踪与可追溯性，重点利用机器人和视觉系统自动跟踪库存和供应链中的组件；⑥表面处理，重点利用机器人技术降低工艺本；

⑦顺应材料的操作，重点开发先进机器人技术，满足产品质量和对柔性零件的需求。

## 五、结束语

制造环境下应用的工业机器人是先进制造业的关键支撑装备，其研发及产业化应用是衡量一个国家科技创新、高端制造发展水平的重要标志。美国将机器人置于国家战略高度，通过创建先进机器人制造创新机构，将当前美国分散的机器人制造能力进行整合，形成一个满足制造业需要的机器人创新生态系统与环境。该机构将利用人工智能技术、自主技术、增材制造技术等新兴技术，使工业机器人在各种规模的制造企业都可获得应用，以有效解决人工成本上升问题，充分满足未来复杂产品对生产线的适应性、精细性、稳定性等方面的高要求，还可以增加就业岗位，提高美国在此领域的全球竞争力，并汇入"美国制造创新"网络，与其他创新机构合作，确保美国先进制造领先地位。

（中国兵器工业集团第二一〇研究所　苟桂枝）

# 机器人技术应用提升航空制造自动化水平

为应对全球范围飞机订单不断增长的需求,波音公司、空客公司等世界领先的航空制造商致力于在飞机制造过程中广泛应用机器人,以提高飞机制造的自动化和智能化水平,缩短飞机交付周期。机器人在飞机制造过程中焊接、喷涂、钻孔等相对简单工艺环节的应用发展快速,已经取得显著成效。随着机器人灵巧操作、自主导航、环境感知与传感、人机交互等关键技术水平的提升,便携式、可移动、协作型机器人成为洛克希德·马丁公司、波音公司、空客公司等大型航空制造商的研发重点,主要应用于大型复杂结构件、复杂空间位置的自动化、高效、精密制造。

## 一、便携式机器人实现飞机复杂结构/空间位置的精密制造

针对当前飞机中一些复杂结构、复杂空间位置制造时存在的人工可达性差、制造一致性差等问题,美国洛克希德·马丁公司与阿联酋因贾兹国家公司等联合成立的艾克斯康合资公司推出全球首台碳纤维复合材料混联构型加工机器人——XMini(图1),5月交付空客直升机公司使

用。此外，洛克希德·马丁公司也表示将在 F–35 等战斗机生产中采用此设备。

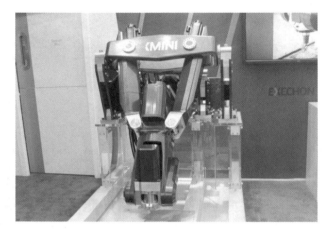

图 1　在阿布拉比防务展展出的 XMini 混联构型加工机器人

XMini 本体由 3 个并联机械臂依次串联 2 个机械臂和 1 个高速主轴组成，具有 10 个自由度，最大工作范围为 1200 毫米 × 1300 毫米 × 300 毫米，最大加速度 $3g$，重复定位精度 ±5 微米，5 个机械臂均采用碳纤维复合材料，且可拆解为 4 个模块（图 2）。

XMini 具有如下优点：一是质量小，便携性强。由于采用碳纤维复合材料，设备总重仅为 250 千克，1~2 人 72 小时内即可完成 4 个模块的拆解组装，无需重型搬运机械和特殊工具，具有良好的便携性。二是尺寸小，空间可达性强。XMini 可安装于工人难以到达的复杂空间（如机翼翼盒内部），代替人工操作，保障工人生产安全性，提高加工质量一致性。三是刚度、加工精度高。XMini 具有机床的高刚度和高精度特性，其重复定位精度达到同类混联机器人的 2 倍以上，与精密数控机床水平相当，可用于钛合金等高强材料的精密加工。四是设备通用性强。柔性机架可根据加工要求进行灵

重要专题分析

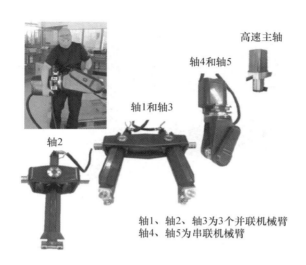

图 2　XMini 的 4 个模块

活配置（如多机器人同时工作）；通过更换加工刀具，能够执行铣削、钻孔、装配、激光加工、焊接等多种操作。

## 二、可移动机器人实现飞机复合材料构件高效精密机械加工

为进一步提升大型复合材料构件加工效率和加工质量、降低加工成本，德国弗劳恩霍夫生产技术和应用材料研究所牵头开展"ProsihP Ⅱ——碳纤维增强复合材料构件高效、高生产率、精密机械加工"项目，研究采用机器人协同进行大型碳纤维复合材料零部件的高精度加工，2017 年开发出一个模块化、自适应、可移动机器人铣削系统，并在一架空客 A320 飞机的 7 米 ×2 米的碳纤维增强复合材料垂尾翼面加工中进行了验证（图 3），平均定位误差为 0.17 毫米，可以满足飞机制造公差要求。

图3　可移动机器人系统正在进行 A320 飞机复合材料垂尾翼面加工

这个高性价比的移动平台基于标准化、商业化的组件构成，具有足够的刚性和动态稳定性，通过 3 个支撑支架的协助将加工系统精确固定在地板上，确保平台的稳定性。另外，可通过从支撑支架上伸出 3 个轮子来改变其位置。整个系统结构可以朝任何方向移动，甚至可在原地旋转。在移动平台的通用连接板上可以安装重达 3 吨的工业机器人。为了确保系统的绝对定位精度和路径精度，机器人系统的运动机构选择了西门子数控系统（SINUMERIK 840D sl），每个轴上配备了用以校正位置偏差的二级编码器系统；采用先进的摄像头系统记录机器人系统的实际位置，并与目标数据进行比较，以实时校正。

该系统具有如下特点：一是可以适应几乎任何几何形状和大小的构件；二是同时能使用多个机器人，以实现超大型碳纤维增强复合材料的快速加工；三是具有适应性，通过互换末端执行器，可用于其他制造过程；四是持续过程监控能力，如果出错风险增加，在故障发生之前机器人系统会自动返回到安全的工艺窗口；五是应用领域可扩展，稍作改造即可用于风力涡轮转子叶片、轨道车辆零部件、船舶用大型部件的加工。

## 三、多机器人协作单元实现飞机零部件精密高效锪钻孔

波音公司与德国库卡公司联合开发的机身自动直立装配(FAUB)系统于2017年全面用于波音新型777X生产线,该系统可实现机器人在前、后机身内外部的协同作业,显著改善安全性和生产质量,并提高机身的生产效率。波音公司与Electroimpact公司合作,针对波音787飞机机身装配开发出一款先进的多机器人协作单元——Quadbots在机身两侧分别配备2台Quadbots同时工作(图4)。Qoadbots,是一个12.7吨的模块化钻孔、紧固机器人,由高精度机器人、多功能末端执行器、钢制框架、紧固件供给柜以及一个自动换刀装置组成。机械臂、多功能末端执行器、换刀装置由西门子SINUMERIK 840D sl系统控制,可以进行钻孔、锪孔、检查孔的质量、添加密封剂、插入紧固件等操作。此外,机器人单元所用软件具有"防碰撞"功能,可以预测机器人的运动,确保机器人之间的工作协调。4台机器人同时工作可大幅提高飞机机身装配效率,如紧固件安装效率提升30%,并且装配质量也显著提升。此外,Qoadbots还可扩展用于其他产品制造。

英国BAE系统公司在其F-35战斗机生产线上安装全新的复合材料构件机器人锪孔加工单元(图5)。这套加工单元由谢菲尔德大学先进制造研究中心开发,综合应用多项先进技术。一是采用库卡公司的2台6轴机器人协作完成锪孔加工与辅助装夹等作业,其中,用于锪孔加工的主机器人为重型机器人,能够处理高达360千克的质量,重复精度为±0.08毫米,可安装大型锪孔末端执行器,并配备了视觉系统与测量系统,可确定末端执行器的位置精度;用于安装夹具的辅助机器人重复精度为±0.06毫米,最大负荷180千克,占地面积小。二是采用与机器人一体化的非接触式测量设备,

图 4  正在协同工作的 Quadbots 机器人单元

可快速测量工件表面,对预钻孔的位置进行精确定位,并在锪孔前校正机器人的位置,为后续提高自动制孔的位置精度提供保证。三是采用光学投影技术辅助夹具的安装过程,可实现"一次准确性",减少人为错误,进而有助于提高制孔效率。该机器人单元可自动高质量的完成移动、孔的精确定位、调整姿态、夹紧工件、锪钻等一系列工序,有效解决现有复合材料锪钻设备笨重、制孔效率低、质量一致性差等问题,实现加工效率提升 10 倍。

图 5  谢菲尔德大学先进制造研究中心开发的机器人自动化锪孔加工单元

## 四、人机协作机器人在飞机制造领域应用成为新的研发重点

目前，空客公司正在试验在 A380 方向舵装配线上使用双臂仿人机器人，与普通人类员工协作进行铆接工作。空客公司还正在与法国、日本研究机构共同开发能够完成复杂制造任务的人形机器人技术，目的是使仿人机器人在飞机装配线上进入飞机上工人难以到达的工作区域，与工人协同完成复杂工作，这将是工业机器人应用的一次大的变革，希望未来 10~15 年能将这种机器人用于工厂生产中。该项目目前重点研究采用先进计算算法，对机器人的环境感知和行为动作进行数字化仿真，提高机器人控制、规划和自学习能力。

英国 GKN 航空旗下荷兰福克（Fokker）公司正在研究采用人机协同机器人完成 A350 外襟翼的钻孔操作，而让训练有素的工人去完成更复杂的工作任务。研究重点有两个方面：一是机器人能从平台上拾起自动钻孔单元然后将其插入钻模中；二是测试与人协同工作的安全性，在与人协同工作模式下，其移动速度减小到 250 毫米/秒，力矩大小也有所控制，以确保工人安全。该公司研究采用德国库卡公司 LBR iiwa 机器人完成其工作（图 6）。LBR iiwa 机器人采用 7 轴结构，基于人类手臂设计，具有极高的灵活性、精确度和安全性等特征，功能很接近人类手臂，可在适当位置进行灵活操作和控制。同时，该机器人所有轴都具有防碰撞功能，配有集成的关节力矩传感器，在碰到人时会自动远离。

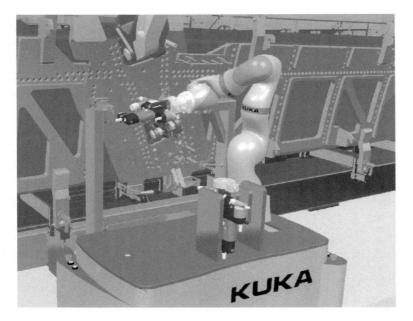

图 6　位于 A350 外襟翼前面的 KUKA LBR iiwa 机器人

## 五、结束语

当前，航空航天领域钻孔、装配等制造过程由于工作量大、空间位置复杂等原因，迫切需要加工精度高且灵活的自动化设备以提高效率、降低成本、保障工人安全。便携式、可移动、协作型机器人技术的不断发展创新，为机器人在航空制造领域的使用带来新机遇，可替代人工或固定式专用机床，根据制造任务灵活配置，可经济、快速地响应生产需求变化，对提高航空航天等领域制造水平具有重要意义。

（中国兵器工业集团第二一〇研究所　李晓红）

# 3D 打印技术加速步入海军军事应用

近年来,3D 打印技术取得了快速的发展,目前,已经广泛应用于零部件的生产制造,尤其是具有复杂结构的零部件。在舰船领域,3D 打印技术正逐渐应用在舰船设计阶段打印船体和船模、航行阶段制作小批量配套部件和备件,以及制造舰载无人机等,且在海军方面的应用潜力不断提升,已经成为国外海军的研究热点,正加速步入海军的军事应用。

## 一、制造船体船模

3D 打印技术可以用作快速原型技术,快速制作模型进行测试,验证和改进设计参数,加快舰船领域新产品开发速度,缩短新型装备的研发周期。2017 年 7 月,美国橡树岭国家实验室与海军颠覆性技术实验室合作开发出美军首个采用 3D 打印技术制造的潜艇艇体,也是美国海军最大的 3D 打印物体。该潜艇艇体结构由一种碳纤维复合材料制成,艇体长约 9.14 米,采用大面积 3D 打印技术制造而成。从概念到组装,整个过程耗时不到 4 周,这对于未来潜艇的制造具有重要意义,不但大幅缩短了制造时间,且能够充分发挥"按需"制造的优势,同时,大幅降低成本,打造经济可承受性艇体。美国海军计划2019年打造第二个3D打印船体,并将进行水下测试。

2017年9月,英国科学家向皇家海军提交了关于未来新概念潜艇"鹦鹉螺"100号的设计方案。该方案中,潜艇的表层材质为丙烯酸与合金混合的材料,采用3D打印技术制造出主船体,其表面可动态改变形状,最大潜深为1000米,艇内可容纳20人。

美国海军水面作战中心利用光固化3D打印技术制作USNS医院船(T-AH120)船体模型,通过对其进行闭环风洞测试,检测船体上层结构对气流场影响,以判定结构设计是否适合飞机起降。相比传统模型制造工艺,模型制造时间从50天缩短到25天,降低了成本,提高了尺寸精度。

## 二、制造零部件和工具

3D打印技术可以满足复杂零部件快速制造成形的需要。为降低"弗吉尼亚"级潜艇及"哥伦比亚"级潜艇建造成本,2015年10月,美国海军金属加工中心牵头研究用3D打印技术制造HY系列钢复杂零部件铸造所需的砂型及型芯,将现有复杂零部件的焊接组装工艺改为一体化铸造。初步预计,能为每艘"弗吉尼亚"级潜艇节省27.1万美元成本,为每艘"哥伦比亚"级潜艇节省110万美元成本,5年内,将为两个平台共节省410万美元成本。此外,该项技术还可用于其他武器系统。

2016年3月,洛克希德·马丁公司宣布,美国海军首个3D打印导弹零件(一个2.5厘米长的铝制连接器底壳),已经用于"三叉戟"ⅡD-5导弹,起保护线缆连接器的作用。相比传统加工方法,新型的铝合金连接器底壳零件设计及打印时间减半。

2016年8月，美国海军完成了对"鱼鹰"运输机关键部件进行测试。该钛合金部件为MV-22B"鱼鹰"倾转旋翼机的发动机连杆及接头组件，采用3D打印技术制造而成，未来美国海军计划利用3D打印技术更换任意一架MV-22的相关部件，这将对飞机维修以及作战部署产生重要影响。

2017年5月，美国诺福克海军造船厂设计出一种采用3D打印技术制造的、可用于各种舰艇部件的拉杆螺栓抗旋转工具。该拉杆螺栓抗旋转工具使用耐用的聚碳酸酯材料，打印成本约30美元，每次打印可以同时生成8个工具。舰船和潜艇上经常使用拉杆螺栓固定框架与结构部件，使用结果表明，该拉杆螺栓抗旋转工具非常有效，不仅节约成本，还提高了工作质量。

2017年8月，美国海军陆战队宣布，将使用名为X-FAB的可移动3D打印设备用于制造备件，并将其补充到海外部队的移动机械工厂，用于海外维护和修复军用零配件。3D打印机X-FAB是独立可运输的三维制造设备，装配完成后质量约为4763千克，可利用平板卡车进行运输。由于在复杂环境中，船只无法轻易靠岸，因此，该3D打印机制备的军用零部件可帮助海军陆战队减少部队的总负荷和物流环节，快速修复损坏的装备和设备，提供更优解决方案。

## 三、按需制造舰载无人机

由于舰载无人机具有高风险区域突防能力、通信导航支援和攻击等能力，可极大地提高海军舰队的情报监视侦察、扫描定位和打击能力，因此，舰载无人机的发展越来越受到各国海军的高度重视，并积极将3D打印技术应用于舰载无人机的制造。

2016年4月,英国皇家海军成功在"保护者"号巡逻舰的甲板上发射了微型3D打印无人机——SULSA。SULSA无人机能够向英国皇家海军"保护者"号上的工程师提供实时数据,为舰船导航,表明该无人机可以作为远程侦察工具,执行持久监视侦察目标的任务。

2017年4月,美国海军研究实验室首次展示了近距离隐蔽自主一次性飞机(CICADA)。作为一种监视无人机,其由较大飞机携带,然后以类似昆虫群体的方式进行释放。每个监视无人机上都携带一个小的传感器有效载荷,并拥有定制的自动驾驶系统。该无人机机身采用3D打印制作,加快了生产时间,减少了所需的组装量。未来该无人机将完全由机器人完成制作和组装,以实现低成本和高效地部署。目前,每个CICADA成本约为250美元。

2017年9月,美国第七海军陆战队已部署首批25架3D打印的小型四旋翼无人机——Nibbler,且已有48名士兵接受了编程、3D打印机使用、无人机装配等技能培训。Nibbler是海军陆战队拥有自主知识产权的小型四旋翼无人机,续航时间20~25分钟,可携带摄像机等有效载荷,也可根据任务需求装备其他组件,单架成本约2000美元。在2016年版《海军陆战队作战概念》中,海军陆战队希望所有作战小组拥有一架可执行监视或其他任务的小型无人机,而将3D打印技术提高到战术应用水平是海军陆战队"推进作战力量建设"任务的一部分。

## 四、启示

### (一)3D打印技术将成为海军装备维修保障的重要辅助手段

舰船在远洋航行期间,会由于备件配备不足等原因,导致受损零件难以在短期内获得快速便捷的更换维修,从而影响舰船安全航行和有效执行作战任务。由于3D打印设备的便捷性及材料的可携行性,运用3D打印技术可快速打印出的相应备件,一方面可以解决受损的舰船设备故障,另一方面3D打印技术在舰船上应用,也可以进一步减少舰船备件的种类和数量。未来的战争形势对装备维修保障能力提出了更高的要求,3D打印技术可大幅提升快速维修能力,将成为海军装备维修保障的重要辅助手段。

**(二) 3D打印无人机将大幅提升舰船作战能力**

当前,多国海军将3D打印机部署在舰船上,并积极推进3D打印无人机技术发展。未来舰船只需携带少量无人机通用的电子元器件离开港口,无人机的主体可完全定制,可由舰上人员设计打印,也可由陆上的研究机构负责设计,传送到这些舰艇的3D打印机上进行快速制造。依托"设计即生产"的特性,3D打印摆脱了模具和工具的束缚,可快速批量生产无人机,而无人机可以根据执行任务的不同进行分别设计,以执行监视、侦察、攻击等任务,被摧毁后即可快速补充,未来对提升海军舰船的作战能力具有重大意义。

(中国船舶工业综合技术经济研究院　董姗姗　王班　李仲铀)

# 美国陆军积极推进战地按需制造技术研究

对于作战部队来说，拥有能够在恶劣环境中进行现场制造的能力尤为重要，可减少远征战地的庞大物流链需求，对于提升作战部队的战备水平、自给自足能力及人身安全，具有颠覆性意义。增材制造因其独特的技术优势，已成为美军研究部署远征战地按需制造技术的首选技术之一，美军最新发布的《国防部增材制造路线图》也将远征战地部署作为增材制造在国防领域应用的重要方向之一，旨在缩短后勤保障时间，实现关键零部件的按需制造。

当前，减少后勤负担被美国陆军设定为全面转型成功的关键，是陆军全军努力实现的一个基本目标，发展远征战地按需制造技术是减少后勤负担的一个重要手段。近两年，美国陆军着力开展远征战地增材制造技术研究与应用，取得多项突破性进展，成效尤为显著。

## 一、部署增材制造远征实验室

美国陆军研发与工程司令部（RDECOM）与陆军快速装备部队合作，建造了一种可在全球范围内部署的远征实验室（或称"EX 实验室"），提供人员管理和战地支援，以及前线士兵新型装备的快速制造。目前，已有两个 EX 实验室服役，一个位于阿富汗巴格拉姆机场，另一个位于科威特的 Arifjan 基地。

EX 实验室安装在一个 20 英尺集装箱和两个 ISU90 集装箱中，包含一台 3D 打印机和配套设备，以及用于创建虚拟模型的计算机辅助设计工作站。实验室还备有传统的软件、设备和工具用于设计、制造金属及塑料部件。虚拟设计一旦完成定型，将被储存在一个由 RDECOM 和陆军装备司令部共同开发的企业级产品数据管理系统中。为促进数据共享，避免重复设计，其他机构可以访问这个产品数据管理系统。

另外，实验室持开放政策，士兵可以参与其中，描述其在战场任务过程中存在的能力不足，然后，EX 实验室团队立即开始寻求解决方案。如果装备没有达到效果或者首次使用不合适，EX 实验室小组也可以现场改进设计，快速制定不同的替代方案，使设计恰到好处。

EX 实验室现场团队成员包括 RDECOM 的主管工程师 1 人、后勤保障工程师 1 人、机械师 1 人，并由 1 位快速装备部队的士官负责管理工作。他们共同研发战地制造解决方案，如使用纺织织物、电子器件、减材制造和增材制造技术等。

当 EX 实验室无法完成工作时（因为缺少专家、必需品匮乏或是时间不足），可以通过 RDECOM 网络，寻求设计师、科学家以及技术人员提供远程支援。

## 二、通过增材制造实现战地原生材料按需制造

一个地区的原生材料不仅包括该地区的天然有机和无机材料，还包括

各种废弃物（如食品包装、纸箱、玻璃和塑料包装盒、废弃石油过滤器和空气过滤器、废弃机油桶、弹药衬垫、黄铜子弹外壳、医疗废弃物、废弃电池、废弃轮胎等）。美国陆军每个士兵平均每天会产生约 3.4 千克的废弃物，以水瓶为例，人均每年产生废水瓶质量为 90～136 千克。目前，清理这些废弃物的方法很有限，仅从环境和健康角度也有必要解决这一问题。通过采用一些创新的绿色环保、安全制造工艺技术，实现战地原生材料的再利用，将特定废弃物转变为增值产品，可最大量地减少废弃物处理需求。

美国陆军研究实验室研究表明，可以通过利用战地原生材料实现远征战地灵活按需制造。2017 年 6 月，美国陆军研究实验室披露正在通过小企业创新研究计划、与优势高校合作等途径，围绕三类不同材料开展技术研发：一是直接利用战地金属废料生产适于增材制造的金属粉末；二是利用战地砂土和 3D 打印机来制作铸模；三是利用废弃塑料进行增材制造。这三个方面都已取得突破性成果。

**（一）利用战地金属废料生产适于增材制造的金属粉末**

陆军从 2012 年开始一直在阿富汗战区使用 3D 打印机进行战地制造，但仅限于制备塑料零件，还未进行过金属增材制造。制约金属增材制造在战地使用的一大难题是金属粉末的运输问题。为此，美国陆军研究实验室通过小企业创新研究计划，设立"战地生产增材制造用金属粉末"项目开展相关研究。该项目第一阶段合同于 2016 年授予美国工程与制造公司（AEM）和莫利沃克斯材料公司（Molyworks Material）两家。美国工程与制造公司的方案是采用洛伦兹力悬浮熔炼系统生产金属粉末，莫利沃克斯材料公司的方案是在移动平台中生产金属粉末，其中后者的研发工作已经取得长足进步。

莫利沃克斯材料公司开发的移动平台名为"移动铸造厂"（Mobile

Foundry），包括等离子体冷膛炉、气体雾化器、供电系统、惰性气体系统、冷却水系统、真空系统等设备，集成在一个20英尺标准集装箱内，每小时可以生产5~20千克球形金属粉末。目前，已经制备出 AISI 4130 钢、6061 铝合金、316 不锈钢3类金属粉末，并已证实这些粉末可以用于冷喷涂工艺或者激光工程化净成形（LENS）工艺。未来还将制备 Ti－6Al－4V 粉和铜粉，并进一步优化移动平台。目标是能在战地生产上述各种金属粉末，用于零部件实时维修（采用冷喷涂技术）或者制造备用零件。

**（二）利用战地砂土3D打印铸模**

目前，在3D打印市场上，已经可以使用商用3D打印机制作砂型模具，但使用的砂土需要专门供应商提供。如用在战地，需要将特定的砂土运送到战地，存在运输距离太长等问题。为此，美国陆军研究实验室与北爱荷华大学联合，通过国防后勤局项目支持，研究利用原生砂土（如沙漠或海滩的砂土）、掺入适当的黏结剂，在战地3D打印制造铸模零部件。

北爱荷华大学利用莫哈韦沙漠的砂土开展相关研究，首先过滤掉砂土中尺寸过大或过小的颗粒，选用常规铸造树脂砂测试砂土的粘接强度，根据3D模型数据，直接使用3D打印机来制造铸模。这项研究已经表明，战地砂土经过简单处理后，可以通过3D打印高效地生产足够强度的铸模，用于铸造所需零部件。

**（三）利用废弃塑料进行增材制造**

美国陆军快速装备部队已经在战地部署了聚合物熔融沉积设备，但该设备所需的原材料受制于供应商的供货，有其使用缺陷。为此，美国陆军研究实验室开始研究利用战地废弃塑料增材制造技术的可行性，确定增材制造高强塑料零件所需的最佳参数，旨在将塑料废弃物转化为增值产品，最大量地减少废弃物处理需求。

首先，将废弃塑料加工成纤维细丝（直径1.75毫米、3.0毫米两种规格）；其次，采用Lulzbot Taz 6熔融沉积设备将纤维细丝打印成拉伸试样；最后，对拉伸试样的热、机械和化学等材料性能进行表征，目前已经验证了聚对苯二甲酸乙二醇酯（PET）塑料（取自苏打水瓶）具有最高的抗拉强度（达到$102 \pm 19$兆帕），是制造高强度塑料零件材料的最佳选择。未来还将对采用可回收聚丙烯（PP）、高密度聚乙烯（HDPE）和PET等废弃塑料进行进一步测试。

### 三、通过增材制造技术建造混凝土营房

美国陆军工程司令部网站2017年8月22日披露，美国陆军建筑工程研究实验室（CERL）与NASA合作，成功地通过增材制造技术建成了47.5米$^2$的混凝土营房。该营房是美国陆军为期3年的"战地设施自动化建设"（ACES）计划的一部分。ACES计划目的是采用增材制造技术就地取材建造半永久建筑。ACES重点研究在水平和垂直两个方向上打印出足够强度的混凝土结构，增加营房的坚固、稳定、安全等性能。此外，CERL与NASA还合作开发了一种混凝土3D打印机以及用于营房设计与建造的干货配送系统。

ACES计划提供了利用现场材料按需定制远征作战设施的能力，使陆军能以简单、快速的方式进行建筑物和其他基础设施的建造，如涵洞和障碍物等。与以往应急的胶合板建造相比，混凝土增材制造技术可以将需要运送的建筑材料减半，更重要的是，可以将建筑人力需求降低62%，且所需的混凝土材料大幅减少，仅为以往建造所需混凝土的3/8。

## 四、结束语

通过增材制造进行远征战地按需制造,将变革现有保障模式,对作战部队具有颠覆性意义:一是可减少远征战场所需的庞大物流链、节省宝贵资源,提升作战部队的战备水平和自给自足能力;二是作战部队无需花时间保卫车队运输安全,进而可提高作战部队的安全;三是显著减少运输、能源消耗及原材料购置等相关成本,缩短战地零部件制造时间,大幅提升战场快速响应能力。

(中国兵器工业集团第二一〇研究所　李晓红)

# 激光金属增材制造技术取得突破

激光金属增材制造技术凭借其在小批量生产中的快速、无模具、高设计自由度等优势受到高度重视，但在工业化生产中仍存在着效率低、残余应力大、成本高等问题，不利于规模化、批量化应用。为此，欧、美等先进工业国家的科研机构及军工企业致力于改善激光金属增材制造技术，并已在光源技术、适用材料等方面取得了重大进展。

## 一、激光金属增材制造技术面临挑战

激光金属增材制造技术自问世至今，均采用激光逐点或多点扫描的方式，在惰性气体环境中熔化金属原材料，逐层堆叠成形构件。例如，目前金属增材制造技术中最普遍采用的激光选区熔化（SLM）技术（工作原理如图1所示），其设备由光源系统、送粉系统、控制系统和保护气密封系统组成。加工时，首先在计算机中使用切片软件对设计零件的三维模型进行切片分层，获得其各横截面轮廓数据，并生成激光扫描路径。借助送粉系统将金属粉末输送到零件成形基板，控制光源系统按照软件规划路径在金属粉末层上熔化该层金属粉末。然后，零件升降台下降、粉末升降台上升，送粉系统在加工完成的金属层上继续铺布下一层金属粉末，设备继续对下一层的轮廓数据进行加工，最终逐层堆叠成形三维金属零件。

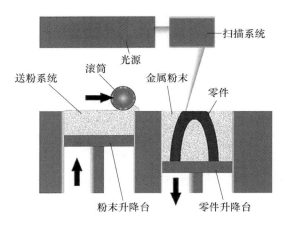

图 1　激光选区熔化（SLM）技术工作原理

激光金属增材制造技术的优势在于其加工灵活性高，能够成形传统加工方式所无法加工的特殊结构，可提高产品的设计自由度，并且无需开模或定制工装，节约加工时间和成本。同时，其缺点也很明显。首先，加工过程中效率较低，与传统加工工艺相比，该技术虽然节省了工艺准备（如工装、夹具的设计以及加工参数的设置等）时间，使得小批量生产的总时间得以缩短，但是由于该技术通常使用的光源产生的激光点直径仅为 50～150 微米，加热区域有限，使得其单件产品的加工时间较长，故当产品批量增加，工艺准备所需时间占比较小时，其加工效率较低的劣势便逐渐显现；其次，加工质量难以保正，与传统加工工艺采用的整体热处理方式不同，激光金属增材制造技术采用单点扫描熔融的方式加热熔化金属粉末，同一时间仅有一点受热，因此产品在成形过程中容易由于受热不同步或相变不均产生残余应力及内部缺陷，影响加工质量，而且其适用材料仍存在限制。由于激光金属增材制造技术采用激光直接熔融金属成形，所以该技术对金属的材料性质（如对激光的吸收率、熔点、热变形等）有较高的要求，因此，在有色金属及高强合金等特殊材料的加工领域，传统加工工艺的地位仍然难以撼动。

## 二、激光金属增材制造光源技术取得变革

光源系统作为激光增材制造设备中最核心的组成部分，直接决定了设备的成形质量。现阶段激光增材制造设备使用的激光器中，普遍采用固体激光器或光纤激光器，使用成本较高。低成本的二极管激光器虽然具有能量转化率高、便于维护等优点，但是限于单个二极管激光器功率低、光束质量差等原因，未能在增材制造领域获得广泛应用。因此，改善二极管激光器光束质量，并将其应用于增材制造成为研究人员关注的重点，目前已取得变革性突破。

### （一）二极管区域熔融实现激光二极管增材制造应用

2017年3月，英国谢菲尔德大学开发出一种名为二极管区域熔融（DAM）的增材制造技术，这种新技术采用二极管激光器作为激光光源，可替代现有的激光增材制造光源，使金属增材制造速度更快并且更加节能，将有望推动激光金属增材制造行业发展。

二极管区域熔融技术通过使用808纳米波长的短波激光阵列，增加了金属粉末对激光光束的吸收率，弥补现有二极管激光器由于功率不足无法使材料充分熔融的缺陷，可在几毫秒内将不锈钢材料加热至1400℃的相变温度，实现全致密不锈钢零部件的生产，还可通过并行使用激光器阵列大面

积熔融，提高生产速率。

该项研究的下一步计划是将此技术推广应用，并将制造材料扩展到聚合物加工，以及采用靶向波长的方式，在单台设备实现多种材料的混合加工。

**（二）基于二极管的增材制造实现增材制造由点到面的突破**

2017 年 5 月，美国劳伦斯·利弗莫尔国家实验室开发出一种"基于二极管的增材制造"（DiAM）技术，并制成原理样机，使用二极管激光器阵列作为主光源，采用辅助光源协同调节能量分布，有效改善二极管激光器光束质量。该技术颠覆了当前激光金属增材制造逐点或多点扫描成形的方法（图 2），能瞬间熔化整层金属粉末，成形速度最快可提高 200 倍。

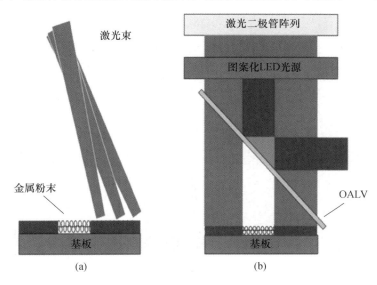

图 2　传统成形原理与 DiAM 成形原理对比

DiAM 技术应用"国家点火装置"中的光寻址光阀（OALV）单元（图 3（a）），在图案化 LED 光的照射区域形成光掩模，快速精确调整激光束照射面的轮廓（图 3（b）），从而使激光照射面轮廓与加工图样吻合，实现金属粉末的整层熔化。因此，DiAM 技术具有成形速度快、成形质量高、照射面积易扩展、使用成本低等优势。

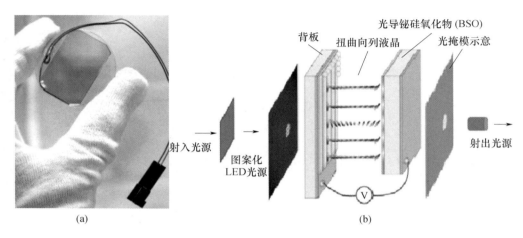

图 3　光寻址光阀（OALV）单元及其工作原理

DiAM 技术通过对光源系统的改变，实现了金属粉末熔融方式由点到面的突破，极大地提高了激光金属增材制造的成形效率和成形质量，且成本较低，将有力推动激光金属增材制造技术在工业化生产中的应用，有望变革复杂金属零件高端制造领域产业结构。下一步，研究人员将探索将 DiAM 技术用于聚合物、陶瓷等材料的增材制造。

## 三、激光金属增材制造技术适用材料不断拓展

合金材料具备的耐腐蚀、高强度、高熔点等优异特性，使其应用十分广泛。激光金属增材制造技术以激光束为热源，在惰性气体环境中利用高能激光束将金属粉末逐层熔合成形零件。在金属增材制造过程中，材料具备的特性也使得其加工难度随之大幅提升，如铜合金难以使光能转化为热

能使金属粉末受热熔化、高强不可焊铝合金凝固时会产生热裂纹、不锈钢会产生金属多孔结构问题。随着激光增材制造技术的发展,其适用材料也随之不断拓展,在铜合金材料、铝合金材料、不锈钢材料的增材制造领域取得了关键性突破。

**(一) 美国航空航天局突破铜粉末难以连续熔化技术瓶颈**

2015 年 4 月,NASA 马歇尔材料与加工实验室突破了铜粉末难以连续熔化的技术瓶颈,首次制造出了全尺寸铜合金火箭发动机内衬(图 4),奠定了复杂铜合金结构件增材制造的重要基础。

图 4　应用增材制造技术制造出的全尺寸的铜制发动机部件

发动机内衬使用 GRCo - 84 铜合金材料制造,具有极好的导热性。NASA 采用选择性激光熔化技术花费 10 天 18 小时,共熔化 8255 层铜粉,在内、外壁之间构造了 200 余条复杂通道,最终成功完成了火箭发动机内衬的制造。NASA 的下一步目标是开发一种可重复制造工艺,提升其制造速度并降低成本。

## (二)弗劳恩霍夫研究所研发铜基材料高效增材制造技术

德国弗劳恩霍夫激光技术研究所于 2017 年 8 月宣布,其研究人员正在研发一种名为"绿色 SLM"的技术,该技术采用绿色激光光源进行选区激光熔化(SLM),有望改善纯铜或铜合金的增材制造。研究人员希望可以通过该项技术实现具有复杂形状、中空结构等铜合金零部件的高效增材制造。

"绿色 SLM"技术采用 515 纳米波长的绿色激光作为增材制造系统中的激光光源,可以降低铜粉末对激光能量的需求,同时提高聚焦精度。若"绿色 SLM"技术最终得以研发成功,将可实现铜材料的高效增材制造,有望提升铜合金零件的成形致密度与精度。

## (三)休斯实验室解决高强不可焊接铝合金增材制造难题

2017 年 9 月,美国休斯研究实验室(HRL)开发出一种高强度不可焊接铝合金增材制造技术,解决了目前高强度不可焊铝合金在激光增材制造过程中熔化凝固后产生热裂纹的问题(图 5)。同时,也为其他工程结构用合金材料的增材制造奠定重要基础。

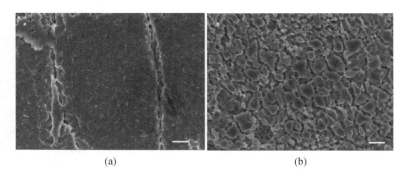

图 5　加入纳米颗粒与不加入纳米颗粒的铝合金微观结构对比

实验室重点对高强度不可焊铝合金粉末的凝固方式进行了深入研究,并基于成核理论,选取锆基纳米颗粒作为成核剂,与合金粉末混合搭配形成功能化粉末。然后，使用激光金属增材制造技术将粉末加工成形，在混合粉末熔融和凝固的过程中，锆基纳米颗粒成为合金微观组织的成核位置。这种制造技术在有效防止热裂纹产生的同时，还能够保持合金材料原有的高强度，最终得以成功应用增材制造技术生产高强度不可焊接铝合金构件。

**（四）美国国家实验室突破海洋级不锈钢的增材制造技术**

2017年11月，美国劳伦斯·利弗莫尔国家实验室与艾姆斯实验室、佐治亚理工学院、俄勒冈州立大学等机构合作，在海洋级低碳不锈钢的增材制造领域取得重大突破。

研究人员采用密度优化工艺，通过计算机建模来控制底层微观结构，克服了激光熔融工艺过程中造成的金属多孔问题。这种激光熔融工艺能够生成一种可用于控制材料性能的晶粒结构，使得研究人员能够通过调整材料物理性能的方式，制造出比现有替代品更优质的增材制造不锈钢零部件。测试结果表明，在特定条件下这种不锈钢的强度比采用现有工艺制成的不锈钢高3倍。除可用于石油管道、设备结构等常规用途外，该工艺制造出的不锈钢凭借其高强度、耐腐蚀和高延展性的特性，还适用于化学设备、发动机零部件等领域。

## 四、军工企业深入探究激光增材制造技术

激光金属增材制造技术通过使用计算机直接控制激光熔化金属粉末成形零件，在众多领域体现出了广阔的应用前景。通用电气公司、罗尔斯·罗伊斯公司作为军工企业巨头，均将激光金属增材制造技术应用于实际生产，但该技术目前仍处于发展完善阶段，存在产品质量不稳定等问题，产

品的返修也间接地影响了生产效率和成本。为此，上述公司依托其雄厚的科研实力，对激光增材制造技术进行深入探索，意欲通过改进激光增材制造技术来改善产品质量、提高生产效率、节约生产成本、优化产品性能，从而提高企业竞争力。

## （一）通用电气公司研究应用数字孪生、人工智能改进激光增材制造设备

通用电气公司正在研发一种结合计算机视觉、机器学习与数字孪生的系统，通过深入探究激光增材制造过程中形成优质结构所需的粉末特性，及时预测并改善产品质量，从而达到缩短生产周期、提高产品质量的目的。

研究人员首先使用激光增材制造技术制造简单几何形状的样件，期间使用高分辨率照相机拍摄每一层粉末，并记录其中肉眼不可见的条纹、凹陷、破损等形态；然后，使用大功率断层扫描仪在制造完成的样件成品中寻找瑕疵，并使用机器学习算法将断层扫描仪找到瑕疵的位置与对应粉末层上的粉末形态相关联。计算机视觉经过大量此类的训练能够预测最终产品是否合格，从而实现增材制造设备对产品的自检功能，可节省大量的检验工作，提高生产效率。

目前，通用电气公司正致力于使用数字孪生作为制造中的"黄金标准比对卡"，将理想条件与实际情况实时比对，并提出最优改进建议。下一代数字孪生将集成计算机视觉数据，以及增材制造过程中其他传感器的信息（如激光熔化的微小金属熔池形状等），通过计算机视觉，赋予设备自适应补偿能力。当计算机视觉识别到将会导致空腔的条纹时，设备可以通过自动增加激光功率、延长激光照射时间或改变下一层粉末厚度等方式进行调整，实现"100%"产出，在改善产品质量和生产率的同时，将进一步提高生产效率。

## （二）罗尔斯·罗伊斯公司使用同步加速器探究激光增材制造缺陷产生因素

2017年10月，罗尔斯·罗伊斯公司透露正与欧洲"高科技金属产品高效无浪费增材制造"（AMAZE）项目团队合作，使用"钻石"光源同步加速器产生比太阳还要亮100亿倍的光，以此深入探究激光金属沉积制造工艺，并寻求改进方法。

研究人员使用"钻石"光源同步加速器将电子加速至接近光速，从而引起辐射，产生从红外到X射线的宽频带连续光线，通过与极高功率的显微仪器配合对增材制造细节成像，能够达到10000帧/秒的帧率，比常规技术高100倍。这使得研究团队能够精准地观察激光增材制造的过程，并了解熔池的形成以及熔体变化过程中产生缺陷的因素。目前，研究人员已经通过该手段，发现单层铺粉过程中存在可能影响产品表面质量及增加制造成本的现象。为使用增材制造技术生产高质量产品，研究人员进一步模拟真实激光增材制造的逐层铺粉过程，并使用同步加速器进行观察，每年可以收集到约500太字节的增材制造加工数据。研究人员期望通过长时间的观察分析，可以对激光增材制造技术有更深入的了解，并从繁杂的加工信息中找到激光增材制造工艺中需要改进的地方。

该项目的最终目的是开发采用机器学习的闭环控制系统，实现逐层均匀沉积，以使罗尔斯·罗伊斯公司能够成功利用该项研究成果改进其增材制造工艺，实现更高质、高效、低成本的增材制造。

## 五、结束语

虽然激光金属增材制造技术已广泛应用于各行业领域，并在提高产品质量、提升生产效率、缩短研发周期、降低生产成本等方面发挥了重要作用。但与传统金属加工工艺相比，其发展历程仅仅 30 余年，仍是一个新兴的技术领域，在工业化生产中仍存在着制造效率低、残余应力大、批产成本高等问题有待完善，尚未能够真正应用于大规模生产。同时，激光金属增材制造技术涉及光学、热学、材料、机械、自动控制等多学科领域，仍需开展大量基础理论研究。随着研究人员们对激光金属增材制造技术研究的不断深入，其成熟度得到不断提高，使得加工成本降低、适用材料扩展和生产效率提升，最终必将为现代金属制造技术带来革命性的发展。

（中国兵器工业集团第二一〇研究所　徐可）

# 碳纤维复合材料 3D 打印技术发展现状分析

碳纤维复合材料（CFRP）是以碳纤维或碳纤维织物为增强体，以树脂、陶瓷、金属等为基体所形成的复合材料。在当前众多先进的复合材料中，CFRP 在技术成熟度与应用范围方面的表现尤为突出，它具有密度小、比强度与比模量高、易于大面积整体成形等诸多优异特性。然而，传统的碳纤维铺放方法对人工的依赖度较高，并且成本高，属于典型难加工材料，其大范围应用受到限制。3D 打印作为一种新兴技术，可解决碳纤维复合材料难加工问题，通过自动化生产方式制造出结构复杂的碳纤维复合材料构件，具有加工成本低、制造效率高、材料利用率高等诸多优点，为扩大碳纤维复合材料应用范围提供了一种有效的加工途径，具有广阔的应用前景。

## 一、3D 打印技术成为复杂碳纤维复合材料构件制造的有效途径

传统的碳纤维复合材料成形工艺主要分为两个过程完成：首先，制备纤维预浸料，制备方法主要有浸渍法、沉积法、混编法等；然后，将预浸

料经过加工制成成形制件，加工方法有模压成形、拉挤成形、缠绕成形、铺放成形等。上述传统成形工艺过程较复杂，加工成本较高，且无法实现复杂结构件的快速制造，极大地限制了碳纤维复合材料的应用。同时，传统的碳纤维复合材料构件对于纤维的回收大多采用物理粉碎、高温热解、化学分解等方式，会造成严重的环境污染，且很难实现纤维与基底材料的高效再利用。

相比于传统成形工艺，3D 打印技术工艺过程简单，无需模具，加工成本低，材料利用率高，可实现复杂结构件的一体化成形，为轻质复合材料结构的低成本快速制造提供了一种有效的技术途径。采用 3D 打印技术制备碳纤维复合材料的优点是可以精确控制纤维的取向。目前，碳纤维复合材料 3D 打印技术有两种技术途径：一种是采用短切碳纤维作为增强相，将短切纤维与热塑性树脂粉末混合制备成复合材料粉末，再将复合材料粉末烧结成复合材料构件，原理与选区激光烧结（SLS）相同；另一种是通过两个 3D 打印头分别挤出熔融树脂基体以及增强纤维，将纤维与树脂按照一定的路径堆积成形，原理与熔融沉积成形（FDM）相同。

## 二、碳纤维复合材料 3D 打印工艺与装备不断取得突破

作为性能最好的复合材料之一，近年来，碳纤维复合材料 3D 打印技术的发展受到国外众多科研机构、国防企业等的高度重视，现有碳纤维复合材料 3D 打印技术在打印材料、纤维多维连续打印、预固化功能等方面不断得到优化；美、日等国的相关科研机构及 3D 打印技术领先的设备厂商纷纷推出多种新型碳纤维复合材料 3D 打印设备，极大地拓展了碳纤维复合材料 3D 打印技术的应用潜力。

2017年，美国劳伦斯利弗莫尔国家实验室（LLNL）研发出一种被命名为Robocasting的高性能碳纤维复合材料构件3D打印技术，可精确成形航空航天领域用复杂碳纤维复合材料构件，成为全球首个开展此项研究的实验室。该创新工艺主要有两项关键技术突破：一是开发出一种具有自主知识产权的、新的化学物质，能够在几秒内实现材料固化；二是利用高性能计算，对流经3D打印机喷嘴的数千根碳纤维丝进行模拟，准确预测碳纤维丝的流动，进行纤维最佳排列。该工艺可确保碳纤维在成形过程中保持方向一致，与碳纤维任意排列的构件性能相比，所成形构件性能更高，且保持同等强度性能所需碳纤维用量减少2/3。LLNL成功开发出可3D打印的航空级碳纤维复合材料，为在航空领域应用这种轻质、高强度材料奠定了基础。

美国橡树岭国家实验室（ORNL）和洛克希德·马丁公司为突破现有大多复合材料增材制造系统在制件尺寸上的局限性，合作研发出大面积增材制造技术（BAAM），并研发出原理样机。该设备基于熔化挤出工艺，可实现大型复杂碳纤维构件的制造。目前的复合材料制造工艺过程均采用先铺放预成形，再采用热压罐进行固化。最为关键的一步在于可否实现碳纤维预浸料在铺放的同时原位固结。ORNL后续又与专业的机床设备供应商辛辛那提公司合作开发了更大尺寸的BAAM设备，该设备实际工作行程244厘米×610厘米×183厘米，原料挤出速率可达45.4千克/小时，通过该设备，运用复合材料BAAM技术，实现了F-22战斗机模型等复杂结构的制造。

日本科研机构在碳纤维复合材料3D打印设备研发方面也取得进展。2015年，日本东京理科大学成功开发出能打印碳纤维复合材料的3D打印机。研发人员用碳纤维和热塑性树脂混合制作出3D打印头，然后，向打印头提供浸渍过树脂的碳纤维。打印之前，碳纤维需要先加热，使树脂能更容易在纤维间渗透扩散，挤出来的树脂可以持续不断地提供打印用的碳纤维，进而打印出立体造型。此外，纤维与树脂的混合比例，可以根据打印需要进行调整。

美国艾瑞沃（Arevo）实验室公司作为复合材料增材制造技术、软件和材料开发的行业领导者，2015年推出用于高性能碳纤维增强热塑性复合材料零部件的机器人3D打印系统，该系统主要由ABB公司的商用6轴机器人系统与熔融沉积成形技术、末端执行器硬件以及一套综合的软件套件构成，可实现碳纤维复合材料等超强热塑性复合材料零部件的快速、高效3D打印。目前，该系统的核心部件是基于ABB公司最小的6轴机器人IRB120而研发的，所采用的软件具有可扩展功能，能够支持更大尺寸ABB机器人的应用，用户可根据自身需求来选择不同型号的机器人，打印体积可从1000毫米$^3$~8米$^3$。

2015年，美国Markforged公司也推出了全球首款能打印碳纤维复合材料的桌面3D打印机Mark One，该设备的成形尺寸为305毫米×160毫米×160毫米，能够使用碳纤维复合材料直接制出机械性能上足以与金属件媲美的碳纤维复合材料3D打印部件。该设备有2个打印头，其中一个打印头主要打印基体材料，如尼龙；另一个复合打印头则用于在零部件中铺设增强材料，如碳纤维、玻璃纤维等。2016年，Markforged公司在Mark One基础上进行改进，推出了新一代碳纤维3D打印机Mark Two，该打印头上安装有感应器，打印床可以以10微米精度卡入到位，通过软件控制，用户可对打印过程进行控制，如打印中暂停打印，取下打印床，增加部件，再把打印床放回去，然后在完全相同的位置上继续打印。

美国不可能物体公司推出了具有自主知识产权的复合材料增材制造（CBAM）工艺，并推出相应设备，可用于碳纤维、玻璃纤维等多种复合材料部件的制造。该技术原理与熔融沉积成形（FDM）技术类似，但与FDM

直接在空的打印床上沉积材料不同，CBAM 技术是在空打印床上先铺设一层纤维板，然后在纤维板上打印，打印机的喷头将聚合物粉末堆叠起来，并用内置热源把它们融合在一起，然后移除多余材料。2017 年，该公司又推出 Model One 试用型 3D 打印机，采用 CBAM 工艺，打印速度及打印材料的强度均比现有产品大幅提升，能够加工包括碳纤维、凯夫拉等高性能聚合物复合材料，正式型号计划于 2018 年推出。

## 三、碳纤维复合材料 3D 打印技术在武器装备研制生产中获得应用

作为解决碳纤维复合材料构件难加工问题的有效技术解决途径，碳纤维复合材料 3D 打印技术目前已在武器装备研制生产中获得应用，成为国防制造领域中的一个重要应用方向。

3D 打印技术已用于碳纤维复合材料模具的制造，与成形工艺结合应用，可实现碳纤维复合材料零部件的快速制造。美国 Thermwood 公司利用 3D 打印碳纤维复合材料模具制造了"支奴干"直升机复合材料挡油罩，3D 打印的模具无需特殊涂层即可处于真空状态，而且无需常规模具所需的支撑结构。通过采用 3D 打印技术制造的模具成本降低了 34%，人工工时减少了 69%，制造周期时间可从常规工艺制造所需的 8 天缩短到 3 天。

除了能够用于模具制造外，碳纤维复合材料 3D 打印技术已用于武器装备原型件的制造。美国橡树岭国家实验室与海军颠覆性技术实验室合作开发出首个增材制造潜艇原型。该艇体原型由碳纤维复合材料制成，长约 9.14 米，采用大面积增材制造技术（BAAM）制造，整个设计、制造及组装过程耗时不到 4 周。与传统方法相比，极大地缩短了潜艇制造周期，降低

成本达 90%，且能够充分发挥出"按需"制造的优势。美国海军计划建造第二个潜艇艇体，并进行下水测试。

## 四、总结

碳纤维复合材料 3D 打印技术是复合材料制备、3D 打印制造领域的交叉研究方向，是一种前沿应用技术，代表着复合材料制造模式的转变。相比传统碳纤维复合材料成形工艺，3D 打印碳纤维复合材料技术具有工艺简单、加工成本低、原材料利用率高、生产技术绿色环保等优势，特别是军工领域中某些对性能和环境要求严格，仅能采用纤维复合材料制造的零部件/部件，碳纤维复合材料 3D 打印技术具有很高的实用价值，未来应用潜力巨大。

（中国兵器工业集团第二一〇研究所　祁萌）

# 4D 打印技术发展分析

4D 打印技术是在 3D 打印技术基础上提出的一种更具颠覆性的前沿技术，是一种将智能材料、3D 打印技术、计算机拓展设计等结合在一起的新型工艺技术。4D 打印可以实现物体的自组装、自适应或自修复，是一种跨越材料和制造界限的新型技术，其在未来的军事工业和民用工业领域中均有极大的应用前景。

## 一、4D 打印技术概述

### （一）4D 打印技术概念

4D 打印技术是把产品设计通过 3D 打印机嵌入可以变形的智能材料中，在特定时间或激活条件下，无须人为干预，不需要连接任何复杂的机电设备，便可按照事先的设计进行自我组装（含自变形、自填充等行为）。图 1 为麻省理工学院展示的 4D 打印样件，它采用一种能够自动变形的材料，只需将其放入水中，就能够按照产品设计自动折叠成相应的形状。

图1 4D打印样件

**(二) 4D打印与3D打印的差异**

美国陆军首席技术官格雷丝·博赫内克指出:"4D打印技术延续了3D打印技术,并添加了变形维度"。4D打印与3D打印的不同主要表现在4个方面。①材料,3D打印用的是热塑性材料、金属、陶瓷、生物材料等材料,4D打印用的是可装配、可设计的由多种材料组合形成的材料;②打印设备,3D打印设备适用于粉末和丝材的成形,4D打印设备则需要更智能的打印设备,要实现液—固等不同形态材料和不同类型材料的打印;③设计,3D打印进行的是实体静态设计,4D打印则要求对变化的实体进行动态设计;④变化,3D打印的物体不会发生变化,4D打印的物体则会根据环境条件变化而发生变化。

**(三) 4D打印技术优势**

与3D打印相比,4D打印将具有更大的颠覆性和发展前景,更为智能,适应力更强,产品可自行被创造,彻底改变制造和设计的过程,重塑了设计者的设计理念。4D打印技术能直接把设计以编程的方式内置到打印机当中,使物体在打印后,从一种形态变成另一种形态,为物体提供了更好的设计自由度,实现了物体的自我变化、组装和制造;该技术能够将多种可能的修正要素设定在被打印的智能材料的变形方案中，让物体在打印成形后，根据人们的想法驱动物体实现自我变形或对其完善和修正；该技术能在进一步简化物体生产和制造过程的同时，使打印出的物体先具备极为简单的形状、结构和功能，然后通过外部激励或刺激，使其再变化为所需要的复杂形状、结构和功能；该技术能使部件与物体本身结构的难易程度在制作时变得不再那么重要，并可在其中嵌入驱动、逻辑和感知等能力，让物体变形组装时无需设置额外的设备，大大减少了人力、物力和时间等成本；该技术能激发工程师和设计人员的想象力，并设计出多种功能的动态物体，然后根据材料特性进行材料编程，再进行打印制造，使得"可编程材料"这一成形方式成为可能；该技术能通过更有效的编程设计，赋予打印出的产品更多特殊的功能，如自愈合、自修复等，将进一步提高打印产品的适应性和使用性能，大幅拓宽常规 3D 打印产品的应用范围。

## 二、4D 打印技术发展现状

4D 打印技术是智能材料、3D 打印、新型编程的统一体，与传统 3D 打印技术有所不同，其编程时不仅需要考虑最终产品的外形，还需要对打印用的智能材料进行编程。截至目前，4D 打印技术的发展主要集中于智能材料研发、产品成形方法以及打印尺度突破等方面。

### （一）4D 打印智能材料种类大幅扩展、性能不断提升

智能材料是 4D 打印中的关键要素之一。用于 4D 打印的智能材料需要在环境改变的条件下实现自变形、自组装、自适应等多种变形功能。经过数年的研究，目前，智能材料的种类得到了大幅度的扩展，已经从记忆合金等金属材料扩展至复合材料、无机材料，以及多种材料复合的复杂材料

等；智能材料的机械性能等也不断提升。例如，麻省理工学院实现了使木头、碳纤维、橡胶/塑料等更多材质拥有"自组装"的特性。澳大利亚卧龙岗大学开发出一款兼容4D打印的水凝胶，其材质坚硬而且能根据水温不断改变形状，用其打印出的一个水阀，能根据水温自动调节粗细来实时改变通水量。哈佛大学刘易斯研究团队，把从木浆中提取的纤维素纤维与丙烯酰胺水凝胶（遇水会膨胀扩大的一种胶状物）混合在一起，加入荧光染料后制成了一种新型4D打印材料，它比此前麻省理工学院由刚性和柔性材料组合的打印材料性能更好，有利于编程制作复杂物体。

## （二）4D打印产品的成形方法成为研究热点

在4D打印技术中，如何用合适的方法使打印出的智能材料按要求实现自组装、自愈合、自变形等功能，也是不可忽视的一个环节，尤其是将多个智能材料形成的小型结构组装成较大型结构的方法，以及实现多方向缺陷的自愈合方法等，更是成为了4D打印材料研究中的一个热门问题。例如，麻省理工学院曾利用模型设计软件设定的时间和组合样式，让连接在一起的2279块以3D打印方式打印出来的三角形模块，在水中慢慢自动合并变形成了一件镂空的4D连衣裙，这种裙子会根据穿戴者的型体自我调整、变化甚至造型，一定程度解决了"量体裁衣"的问题。佐治亚大学与NASA合作，探索创建小型折叠变形机构的方法，已取得初步成果，在加热时，这些利用3D打印技术打印出的小型复杂结构会扩展，使4D打印技术在航天的应用更向前一步。

## （三）4D打印尺度朝极端化方向发展

4D打印的应用不能仅限于常规尺寸的物体，必须向大尺寸、超大尺寸或微小尺寸两个维度发展，才能使4D打印实现更广泛的应用。研究人员已经加大了在4D打印尺度拓展方向的研究，探索实现更大尺度及更小尺度

4D 打印结构的方法。在此方面的研究中，一些新的智能材料制备方法和一些新的成形方法被发现。例如，英国工程与物理科学理事会先进复合材料创新和科学中心提出一种基于"剪纸"艺术设计思想的可变形超材料制备方法。该技术可通过工程切割和折叠获得大尺寸、大体积变形，并具有高定向、可调节机械性能的多孔超材料，未来可用于机器人机体、飞机和飞行器的变形结构及微波与智能天线等。又如，麻省理工学院使用微立体光刻打印技术制备出的形状记忆高分子材料，首次实现 4D 打印微米尺度可变形材料。

## 三、4D 打印技术的主要发展趋势

### （一）4D 打印用智能材料不断发展成熟

4D 打印的智能材料要具有自组装功能、种类多、可设计。传统的智能材料，如压电材料、电致伸缩材料、磁致伸缩材料、热电材料、形状记忆合金、光致变色材料、热致变色材料等，能够实现较为简单的自组装、自变形功能。

形状记忆合金是现阶段能够率先使用 4D 打印技术打印的传统智能材料，其强度、导电性、硬度、耐磨性等性能均较好，只不过现阶段成本较高且质量较大。例如，在航空工业中广泛采用记忆合金金属材料，其批量成本必须有所降低且需要经过详细的结构设计与优化，以减轻结构质量。目前，除了可变形的形状记忆合金材料以外，自愈合树脂基复合材料也可以成为 4D 打印技术应用的一类材料，而且自愈合树脂基复合材料在飞行器等航空工业和民用工业中的应用也非常广泛。

4D 打印技术中适用于不同工作环境和状态的智能材料还正处于开发过

程中。这类材料往往是包含着金属、复合材料，甚至无机物的复杂材料集，其研制的难度极大，远非目前阶段材料所能比。

因此，4D 打印智能材料的发展趋势呈现为以下三点。①推动记忆合金等较为简单的智能材料尽快实现 4D 打印，并投入应用。在目前阶段中，记忆合金等有明确应用对象（如可变形机翼等）、较为简单的智能材料最易于 4D 打印技术进入实用化阶段，从而吸引更多的投资和研发力量。研究重点集中于适用的记忆合金材料选择和研发、记忆合金随温度的变形规律、大型记忆合金的变形预计和设计等。②大力推动自组装、自适应等智能材料的开发。真正能够实现自组装、自适应等功能的智能材料才是 4D 打印未来发展的目标，将会推动 4D 打印技术应用于各个不同的工业领域。复合材料、金属材料、无机材料等跨领域的复合，成为了 4D 打印材料下一阶段发展的重点。③可编程智能材料越来越引起研究人员的重视。能适合于更复杂环境条件下可控制的自组装、自变形的可编程智能材料由于其能够精准实现设计的变形量，并能够在复杂环境条件下满足更复杂的变形规律等特点，被视为是 4D 打印智能材料一个极有发展前途的方向，既可以按照单一环境因素（温度等）变化实现复杂变形规律，也可以按照多个环境因素（温度、时间、介质等）实现复合变形规律，进一步扩大 4D 打印技术的应用领域。

### （二）多材料 4D 打印设备工程化

4D 打印设备从某种角度来说，可以算是更为智能的 3D 打印设备，必须具备多个灵活多自由度多向运动的喷嘴、多种类型的黏结剂、更高的运动和定位精度以及多种不同功率的激光器（目前，国外在 4D 打印的研究工作中使用的大部分为激光 3D 打印设备），能够进行固/液、液/液、梯度材料、纳米复材、金属/复合材料等多种不同类型及不同状态材料的打印，而且要保证打印后的物体性能，使得常规3D打印设备要满足4D打印的需求时必须进行重大的改进和发展。

高精度的3D打印机能够完成单一智能材料的打印，但对于多种材料复合的情况则无能为力。

因此，4D打印设备发展趋势主要集中于以下两个方面：①针对多种不同材料形态的复合打印，在多种功率激光器并行应用、异种形态材料输入和成形等方面开展深入的研究；②提高不同类型智能材料的打印精度，保证智能材料各组成部分之间准确的结合，实现智能材料的预设性。

**（三）模拟物体最终状态以便编辑打印程序的仿真软件进入应用**

与3D打印的预先建模然后使用材料成形不同，4D打印技术直接将设计内置到材料中，简化了从设计理念到实物的制造过程。让产品如同机器般的自动制造，而不需要连接任何复杂的机电设备。为了充分应用这一新技术，Autodesk公司的研发团队进一步设计了新软件Cyborg，可以用于自我组装和可编程的材料模拟，便于实现设计的优化和材料的折叠。然而，Cyborg软件对于今后将不断出现的各种新型智能材料来说，均难以满足不同的模拟过程和打印编程需求。可以预见，很有可能将来出现一类新型的智能材料，将衍生出一种对应的模拟和编程软件。

因此，4D打印仿真软件的发展趋势主要集中在以下两个方向。①基于变形条件和材料特性的仿真软件。能够根据4D打印智能材料的特性、促使变形的主要环境因素、变形的最终形态等，准确实现智能材料最初形态的模拟，反之，也可以根据智能材料最初形态等因素，实现对智能材料最终形态的模拟，大幅缩短设计和仿真时间，利于4D打印技术的推广。②面向组成复杂的智能材料和有复杂变化规律的智能材料的仿真。这是4D打印仿真软件的一个难点，需要准确仿真出由多种不同材料组成的智能材料中各材料的变形规律和整体变形规律，还需要对复杂变化规律（如多种环境条件下变形、变形规律极为复杂等）的智能材料进行仿真。此类仿真软件的发展，将促进更多类型智能材料的发展，也可以使 4D 打印技术适用于更多的领域。

尽管目前 4D 打印技术尚存在着众多难点，但科学界、工程界对于 4D 打印技术的发展仍寄予了厚望。已经有文章对 4D 打印技术进行了预测，认为 4D 打印技术将在 2035 年前重点解决自组装材料的研制问题。在 2035—2045 年，实现工业化 4D 打印。在 2045 年之后，4D 打印技术将趋向于基于环境的制造，应用重点集中于航空航天、建筑、医疗 3 个领域。

## 四、4D 打印发展前景

目前，4D 打印技术处于发展初期，由于材料、设计等手段均未发展到相应程度，首先需要确定出在特定外部条件（力、温度、水等）下，智能材料的变化状态，并根据产品的最终形状编辑出智能材料在 3D 打印时的形态，以及所需的材料数量，再通过 3D 打印技术打印出一个或多个由单独智能材料构成的基本结构；然后，基于不同的外加条件，使这些智能材料结构变形或组装成最终的产品。

未来随着人工智能、智能材料、智能设计等技术的发展成熟，4D 打印技术有望通过智能材料自组装，实现功能指标可定制、材料类型多样化、结构复杂产品的制造。

## 五、4D 打印技术的两点意义

4D 打印技术的快速发展，至少具有两个重要意义。

## （一）4D打印技术将系统推进智能材料、仿真等技术的系统性发展

4D打印技术是一项包括了智能材料、4D打印设备、仿真软件等在内的系统技术，单一技术的突破并不足以使其实现应用，必须形成系统性的解决方案，才能使4D打印技术真正进入应用。一方面，4D打印技术的快速发展，将在各个不同的阶段带动一大批智能材料技术的发展，形成适合于多种环境、多种功能的智能材料发展谱系，促进材料设计、材料合成和制造、材料试验技术的全面发展；另一方面，4D打印技术还将促进包括仿真技术在内的设计技术发生重大的变革，将基于尺寸和功能的静态设计发展为基于环境条件的动态设计，使得设计方法、设计手段、设计工具等均产生重大变革。

## （二）4D打印技术将推动武器装备发生巨大变革

4D打印技术在兵器、航空、航天等国防领域中有着极为广泛的应用。首先，4D打印技术改变了传统武器部署的过程。传统的武器装备制造流程为制造—部署—使用—报废，而4D打印的武器装备制造流程为半成品制造—部署—现场塑造—使用—回收—再部署。4D打印生产的武器装备可根据环境和攻击目标而优化武器攻击性能。其次，4D打印技术将推动新概念武器成为现实。光适应智能材料可以自主感知环境光线变化，自动与环境融为一体，该种材料的4D打印技术可在一定程度上改变武器装备部署的方式。4D打印技术可以在自适应伪装作战服、可变形飞机机翼、武器装备表面自愈合涂层、航天器舱外放置的天线和太阳板、军用微型机器人、军事后勤用万能背包中应用。

（中国航空制造技术研究院　韩野）

# 纳米压印光刻工艺推动三维纳米元件量产实用化

随着纳米技术的不断发展，纳米元件的产能需求日益旺盛。近年来，纳米加工技术的进步，则为纳米元件的发展提供了强大的技术支撑。纳米压印光刻（NIL）技术作为一种新型微纳加工技术，通过巧妙地利用机械图形转移手段，实现超高分辨率微纳图形结构的高效率、低成本转印，可有效解决传统光刻工艺存在的加工效率低、成本高、一致性差以及难以实现三维纳米元件量产实用化的问题，在近年来受到了广泛关注。

## 一、纳米压印光刻技术的概念与特点

纳米压印光刻技术最早由普林斯顿大学纳米结构实验室的华裔科学家周郁于1996年提出，通过模具将材料表面抗蚀剂图案化并加热加压定型，作为电子束光刻的掩蔽层，实现对二维平面纳米图形的高精度、大规模、低成本复制。该技术提出后，许多科研机构在此原理的基础上不断创新，根据需求发展出多种新工艺，广泛应用于半导体、生物、化学等领域的二维平面纳米图形转印。其中，2002年出现的紫外线纳米压印光刻（UV-

NIL）技术使用光刻胶代替抗蚀剂，利用紫外线照射光刻胶，使其发生聚合反应硬化成形，实现常温条件下的纳米压印光刻，避免了之前由于受热受力产生变形的问题，为纳米压印光刻技术成形三维纳米结构奠定了重要基础。

相比于单光束激光照射、X射线、中子束/离子束刻蚀等微纳加工工艺，纳米压印光刻技术的关键优势有以下4点：①工艺简单，无需复杂的光学设备和大功率光源，能够有效地降低量产成本；②加工分辨率高，压印过程中采用机械方式转印图案，加工分辨率不受光学加工中的最短曝光波长的物理限制，目前，最小特征尺寸可以达到5纳米；③产品一致性高，采用模具成形的方式，量产产品质量稳定；④适用范围广，用于各种不同性能材料的生产，增加了产品设计的自由度。因此，纳米压印光刻技术非常适合纳米元件的批量化生产。

## 二、纳米压印光刻技术可制造单纳米精度三维光学结构

此前，受到照射光源的限制及高精度三维纳米压印模具制造工艺复杂、使用寿命较短等原因的影响，纳米压印光刻技术通常仅用于加工二维平面图案，未能实现复杂结构纳米元件加工的工业化应用。近年来，随着光源、模具制造工艺技术的不断发展，三维纳米结构用纳米压印光刻技术已逐渐走向实际应用。

2017年10月，瑞士光刻（SwissLitho AG）公司与奥地利电子视觉（Electronic Visions，EV）集团联合研发出首个可用于制造单纳米精度三维光学结构的联合纳米压印光刻解决方案。瑞士光刻公司提供高分辨率光刻技术，其核心是一种无掩模直写的热扫描探针光刻技术，通过在样件表面旋涂热

敏抗蚀剂，然后使用超尖探针局部加热分解并蒸发抗蚀剂生成相应图案，经检验后便可采用剥离、刻蚀、电镀、模制等多种方法将相应图案转印到几乎任何其他材料上。这种新技术能够以极高的精度成形三维结构。EV 集团则提供一种基于软模具紫外光照射的大面积、低成本纳米压印光刻技术，首先使用主模具大量复制透明软模具，然后将可被紫外光照射固化的光敏材料旋涂于基材，通过复制的透明软模具配合紫外光照射将光敏材料定形。两项技术高度互补，采用瑞士光刻公司高分辨率光刻技术制造高分辨率的主模具，配合 EV 集团的大面积、低成本纳米压印光刻技术制造复制软模具用于生产。这种生产方式大大提高了压印模具的寿命，且适用于多种结构、材料和表面的压印，还可以通过三维堆叠的方式逐层成形三维光学结构，从而实现高分辨率三维纳米光学结构的大规模制造。

EV 集团和瑞士光刻公司计划首先使用该解决方案开发有助于光子学、数据通信、增强/虚拟现实技术应用的光学元件，并探索其在生物技术、纳米流体等领域的应用潜力。

## 三、纳米压印光刻技术克服超透镜阵列制造难题

2017 年 4 月，由浦项科技大学与韩国大学组成的联合研究小组宣布，采用纳米压印光刻技术解决了当前超透镜阵列的制造难题，通过基板复制工艺进一步降低了制造成本，最终成功制成高性能超透镜阵列，并通过了实验验证。

超透镜是一种基于超材料的成像器件，呈半球形，在球形衬底上交替沉积多层金属和电介质膜，形成各向异性介质，通过介质中的双曲色散达到超高分辨率。将超透镜组成超透镜阵列可解决单个超透镜观察区域小限

制其应用的问题，同时保持超高分辨率成像。单个超透镜使用的聚焦离子束或电子束光刻制造工艺生产效率低、成本高，无法实现超透镜阵列制造。因此，研究人员研究采用纳米压印光刻技术大规模制造超透镜阵列，制造过程分为3个阶段。

第一阶段，制作可重复使用的主模具。在石英基板上采用热蒸发的方式沉积100纳米厚的铬层，在铬层上涂覆剥离剂并旋涂氢倍半硅氧烷（HSQ），然后使用聚二甲基硅氧烷（PDMS）阵列孔型模在HSQ层压印出阵列孔，并使用紫外光（UV）将HSQ层固化；之后，采用反应离子刻蚀（RIE）工艺，以HSQ层为掩模在铬层上刻蚀出阵列孔后剥离HSQ层；再以铬层为掩模使用感应耦合等离子体刻蚀（ICP）工艺在石英基板上刻蚀出阵列孔；最后，使用缓冲氧化物刻蚀（BOE）的方式，以铬层为掩模对石英基板上的阵列孔进行各向同性刻蚀，去除铬层后，最终形成单个直径为2.5微米、深度为1.7微米的半球形阵列主模具。具体流程如图1所示。

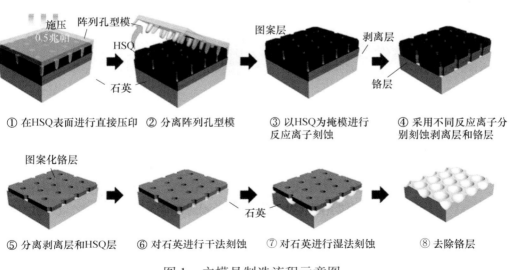

图1 主模具制造流程示意图

第二阶段，制作与主模具完全相同的复制基板。由于石英主模具制造工艺复杂，为了降低成本，提高生产效率，利用主模具作为模板制作与主模具完全相同的复制基板，以便规模化应用（具体流程如图 2 所示）：先使用主模具制作 PDMS 倒模，然后在 PDMS 倒模上旋涂 HSQ 后压印于石英衬底，并使用紫外光将 HSQ 固化于石英衬底，在 500℃下热烘 1 小时，最终形成与主模具完全相同的复制基板。

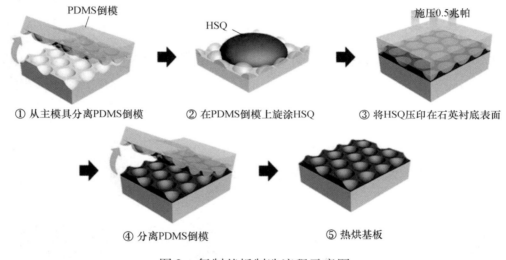

图 2　复制基板制造流程示意图

第三阶段，在复制基板上采用沉积工艺最终成形超透镜阵列。使用电子束蒸发器在基板上交替沉积 9 层 15 纳米厚的金属银和 15 纳米厚的 $TiO_2$（图 3），最终制成 5 厘米 × 5 厘米的超透镜阵列。通过与扫描电子显微镜图像的对比验证表明，采用纳米压印光刻技术制造的超透镜具备在 410 纳米波长的可见光下解析 160 纳米亚衍射特征的优异特性。

该团队通过纳米压印光刻技术解决了此前超透镜阵列的制造难题。这种新型制造方式大大降低了生产成本并提高了生产率，可广泛应用于光学、生物学、医学、纳米技术和其他相关的跨学科领域。

图 3　金属银与 $TiO_2$ 交替沉积形成的多层球形超透镜结构示意图

## 四、纳米压印光刻技术实现纳米探针批量化制造

2017 年 6 月，美国劳伦斯伯克利实验室与阿比姆（aBeam）技术公司合作在紫外线纳米压印光刻技术的基础上开发出一种纤维纳米压印工艺，用于快速、批量化制造纳米尺度成像探针，打破了此前该探针由于难以进行批量生产而造成的应用瓶颈，推动了此类纳米元件的实用化。

该探针由劳伦斯伯克利实验室下属分子铸造公司于 2012 年研发，呈金字塔形，金字塔顶端具有 70 纳米宽的槽形间隙，用于将强光聚焦到更小的点上，能够实现比传统光谱法高 100 倍分辨率进行光谱成像的功能，并采用金属—绝缘体—金属（MIM）结构设计（图 4），可以实现光的双向耦合。该探针克服了现有探针的大部分缺点，有望基于此制造出更加紧凑、低价且高效的光感设备,并应用于光学雷达、量子计算、战场环境监测等领域。

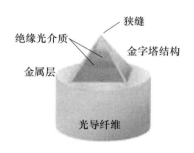

图 4　金字塔形探针结构

采用紫外线纳米压印光刻技术,主要解决了具有精确尺寸精度的纳米光学探针模具的制作难题,模具的制作步骤如下:第一步,将硅晶片两面涂覆厚度为 50 纳米的氮化硅($Si_3N_4$)防护涂层,并在其中的一面涂覆厚度为 60 纳米的电子束抗蚀剂(ZEP520A);第二步,使用电子束光刻系统在电子束抗蚀剂表面刻出边长为 5 微米的正方形;第三步,使用反应离子刻蚀方法在乙酸戊酯中将抗蚀剂表面的正方形刻蚀到氮化硅涂层,并在氢氧化钾(KOH)溶液中为硅晶片刻蚀出倒金字塔形状;第四步,在磷酸溶液中对氮化硅涂层进行剥离;第五步,使用紫外光固化材料(Ormostamp)对硅晶片上的倒金字塔形状进行倒模,并照射紫外光硬化,获得探针的凸模,并在凸模顶端使用聚焦离子束刻蚀出宽度为 130 纳米的狭缝;第六步,使用紫外光固化材料(Ormocomp)对凸模再次进行倒模,并照射紫外光硬化,获得顶端带有狭缝结构的最终模具。

探针模具制作完成后,在批量生产探针过程中,只需在模具中填充特殊的紫外光固化树脂并预留用来促进光耦合的薄残留层后,将红外光从光纤的另一端导入纤维端面进行精确的同轴对准定位,然后将紫外线以同样的方式导入光纤将树脂硬化(图 5),最后使用金(Au)蒸发在探针的两侧形成金层，即可完成一个探针的生产，金层的厚度使狭缝的宽度小于模具中使用聚焦离子束对狭缝刻蚀的宽度。

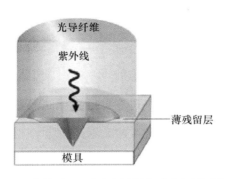

图 5　使用紫外线通过光导纤维对光固化材料成形

这种新颖的纳米制造工艺在对光学探针成形的同时，还能够实现快速精确的定位检测，可将探针的批量生产周期缩短至几分钟，极大地提高了纳米光学探针的生产效率。除了实现这种纳米光学探针的低成本、大批量制造外，该工艺还能够应用于任何纳米光学器件的生产，目前已应用于制造菲涅尔透镜和分束器，为其实际应用奠定了基础。该技术有望推动纳米元件的低成本、批量化制造，在通信、航空航天、电子、医疗等领域均具有广阔的应用前景。

## 五、结束语

纳米压印光刻作为一种简单便捷的加工方式，既不受衍射、散射效应的影响，也不需要使用复杂的仪器设备和烦琐的工艺流程，具有技术原理简单、加工分辨率高、质量控制稳定、适用材料广泛等优势，非常适合于纳米元件的批量化生产。近年来，随着研究的不断深入，压印及光刻设备不断更新换代，其成熟度持续提高，应用领域也由二维图案加工的半导体制造拓展到三维光学元件的生产。随着该技术的进一步发展成熟以及微纳加工要求的不断提高，纳米压印光刻技术的优势将更加凸显，未来有望取代传统的光刻技术，成为微电子、光学、材料等领域的重要加工手段。

（中国兵器工业集团第二一〇研究所　徐可）

# 美国先进材料连接与成形技术
# 未来发展路线图分析

美国国家标准与技术研究院通过先进制造技术联盟（AMTech）计划提供资金支持，于 2013 年启动"先进材料连接与成形技术路线图"项目研究。该项目具体由爱迪生焊接研究所领导实施，包括美国材料连接与成形领域工业界、学术界和专业协会等各方面的成员。该项目路线图制定历时 2 年，采用核心小组会议、调研、访谈等形式，超过 400 家大中小型企业参与。2017 年 6 月，爱迪生焊接研究所发布最终《先进材料连接与成形技术路线图》，对当前材料连接与成形技术领域面临的形势与问题、未来研发投资重点等进行了详细阐述。

## 一、明确当前材料连接与成形技术领域面临的形势与问题

材料连接与成形技术是许多产品制造的基础，也是美国基础设施建造、维护和修理的重要技术。材料连接与成形技术对美国制造业发展非常重要，每年销售额超过 132 亿美元，相关公司企业超过 20000 家，解决劳动力就业

超过 75 万人。当前，一些国家已经将这些技术确定为建立更大制造设施的关键。印度、中国和巴西等新兴工业国家都通过大幅增加此技术领域的投资，以提高其制造能力和效率。如果美国在这些领域不增加投资，也未有效解决新出现的需求和挑战，将会导致美国在这些关键制造技术领域的领先地位逐渐丧失。

### （一）发展成就

在过去二三十年间，虽然美国材料连接与成形技术的业务量有所下滑，但还是取得了显著成绩，实现了产品制造成本下降、性能提升、质量与可靠性提升。例如，自动化技术应用不断增长部分抵消了劳动力萎缩的影响，同时使产品质量提高、成本降低；新兴连接工艺（如搅拌摩擦焊、激光钎焊）研发大幅提高了焊接更多金属种类的能力，这些金属可使飞机、航天器、舰船和汽车的性能大幅提升；微连接工艺进步使电子和医疗设备行业发生了变革；陶瓷、金属基复合材料和其他难焊合金先进钎焊技术研究应用取得突破，提高了喷气式发动机等关键部件的性能和可靠性，使其能在更高温度和压力下有效运行。

### （二）新需求与新挑战

当前，一些影响美国工业发展的新技术和业务挑战正悄然出现。美国正在经历一场数十年的材料变革：正在开发新的超高强度钢、铝合金和复合材料，旨在进一步提升运输车辆的性能；开发用于建筑物（先进的洁净室式自动化工厂等）的新材料，旨在提高能源效率、抵御地震和恶劣天气环境等；增材制造（也称3D打印）技术的进步，正在打开制造混合材料或多材料产品的大门。

越来越多先进材料的使用使连接与成形技术能力面临重大挑战。在某些情况下，先进材料连接方法尚未完全开发，工业界被迫使用效率较低的旧方法，如机械紧固；甚至在某些情况下，由于没有开发新的连接技术，新材料无法使用。同样，在汽车行业使用越来越多的超高强度钢或某些铝合金成形也还存在困难。目前，传统的金属成形工艺常会导致较高的废料率和返工率，使用先进材料时，部分金属成形设备的操作和维护成本高昂，阻碍这些新兴材料的广泛应用。

除必须解决的新需求和新挑战之外，美国制造商当前面临的最大障碍是技术娴熟的劳动力不断减少，这也成为阻碍美国全球竞争力的最重要障碍。

## 二、明确8项研发投资重点

### （一）开发先进焊接变形控制系统

过去10年，计算机预测焊接变形、实时监测部件变形的传感器技术以及先进焊接过程控制技术已取得长足进步。本项研究旨在将这些先进技术集成到一个"智能"焊接系统中，实时监测和控制结构变形，预计开发周期为4~5年。

具体方法包括以下几种。①应用有限元分析工具对结构变形和焊接工艺开发试验结果进行预测，以验证结构变形模型，并生成多种焊接工艺的变形数据。②开发一种"快速求解算法"，以快速分析结构几何尺寸、夹具布局、结构材料属性、焊缝坡口形状、焊接工艺变化等对结构变形的影响等。③使用视觉或激光测量技术实时监测焊接过程中的结构变形，并生成变形的数字映射。④通过热成像技术或其他手段监测焊接过程中结构的表面温度，并监测每个道次焊接中、焊接后焊缝的变化，并与变形测量结果进行关联。⑤通过使用"快速求解算法"分析结构变形，确定是否变更焊接工艺、参数，是否使用主动加热或冷却装置，是否变更焊接顺序。⑥更改焊接工艺、参数，使用主动加热或冷却装置，或实时改变焊接顺序，使焊接结构的变形量达到最小。

### （二） 开发下一代预测工具：焊接材料研究与优化

该项研究包含两个研究目标，预计开发周期为 5~7 年。

目标 1：新材料配方的建模。基于热力学、动力学计算方法和有限的实验经验，进行高效、低成本新材料开发。对已经开发的具有变革性的通用新方法和软件进行进一步优化，以应对材料科学、焊接/连接等不同领域的挑战。具体方法包括以下几种：①开发软件，实现材料自动化开发和优化，软件可自动运行热力学、动力学计算方法，并提取优化程序中使用的定量数据；②联合工业企业（如焊接耗材制造商）和最终用户（如发电或石油天然气公司），从中选择特定合作伙伴以应对特定的焊接/连接挑战（如焊接奥氏体合金时的凝固裂纹）；③确定合作伙伴选择标准（技术成熟度、经济性和环境影响），合作伙伴要有能力根据简单的热力学和动力学计算方法解决特定的挑战；④选择合金元素和范围，以探索已知和未知的成分与元素之间的相互作用，计划对 10 万~30 万种合金/材料进行建模；⑤确定至少 100~200 种可能的新材料，并选择至少 50 项进一步详细计算，最后选择 10 项用于实验；⑥生产小型实验室数量规模的合金，并对其进行测试和进一步优化；⑦选择 1~5 种合金，生产 50 千克锭料，进行大量的性能和可焊性测试。

目标 2：开发高温预测工具。集成计算材料工程（ICME）和有限元分析（FEA）工具在焊接领域的应用一直在不断发展，但是，焊接熔池动力学、瞬态微观结构效应，以及对焊缝熔敷性质至关重要的凝固力学等的建模研究还非常有限。为此，后续将收集适当的实验数据并开发适用于高温条件的建模工具，可显著增强焊缝冶金结合能力、提高焊接结构性能，还有可能提高相关合金/材料的开发能力。

### （三）开发先进高效熔敷焊工艺

过去十多年，已经开发了许多工艺方法，使得熔敷焊接工艺的生产效率得以提高，如多焊枪系统、混合焊接系统和窄坡口技术等。其中一些工艺方法已由制造商实施，而一些方法则还处于不同的开发阶段。在某些情况下，一些工艺改进反而会导致出现较高的焊接缺陷发生率、焊接性能降低或增加变形。例如，激光—熔化极气体保护焊（laser–GMAW）混合焊接系统已经成功实现薄壁构件焊接，但在更厚的结构焊接中可能会出现焊接接头处机械性能不一致。为此，为提高焊接质量和性能，还需要继续进一步开发或改进高效自动化焊接系统。

本项研究工作将进一步优化诸如 laser–GMAW 和等离子体—钨极气体保护焊（plasma–GTAW）等现有高生产率工艺，以进一步提高沉积速率。另外，还会考察其他一些生产率提高技术（如增高加热温度）和电弧物理增强技术（波形、阴极/阳极控制等）。无损检测（NDE）技术也将集成到焊接系统中，以提供焊接质量的实时表征。将开发反馈控制系统，将焊接质量监测与实时传感、控制相结合，在焊接过程中基于 NDE 质量扫描结果对焊缝质量进行在线修正，进而减少或消除焊接完成后进行焊后检验、维修等工序，还可永久性记录焊接质量和生产效率等数据。

本项研究将首先针对重工业部门需要多道次焊接的大型板材或管材等结构件，选择适用于这些零件大批量制造的自动焊接工艺，并选择常用金属（如低合金钢、不锈钢和铝等），预计开发周期为 3~5 年。

### （四）开发异质材料连接工艺

在结构和产品中使用多种材料的优点包括改进性能、更高的可靠性和耐用性、降低材料成本与优化部件设计等。异种金属连接难度大，冶金效果或接头质量不理想，性能难以达到要求。常见的替代方案是机械连接方法（铆接、螺栓连接等）或黏结剂，但这些方法的生产效率较低，且难以达到最优的强度、腐蚀或高温等性能特征。

这项研究工作将评估和开发连接方法（熔敷焊和固态焊），可在选定的异种金属和混合材料之间生成经优化的冶金接头。对于熔敷焊接方法，将开发相应技术控制热输入循环和冷却速率，以防止形成不期望的冶金元素或使其最少化，并控制凝固动力学因素，以实现性能优化。对于固态焊接，将考察一些方法，如控制凝固动力学因素，引入层间化合物（可帮助异质材料间生成足够强度的接头）。这些开发活动的实效将根据其在制造环境中最终部署的潜力评估，预计开发周期为 3~7 年。

**（五）对成形工艺进行实时测量、预测和控制**

高强度钢和铝合金的材料性能和质量的不断变化显著增加了与轻质构件成形工艺相关的设计和制造成本。美国成形工业希望通过实时监测成形材料性能和最终零件质量控制成形工艺条件，以适应这种材料变化。为了最大限度地提高生产效率和能源效率，成形工业越来越多地采用伺服控制成形设备，如电动伺服电机驱动压力机和液压伺服缓冲系统。伺服控制成形设备能够使制造商将压机压下速度和缓冲力控制到微米级，已成为技术领先的制造商改变现有产品设计和工艺控制的应用典范。然而，优化和控制成形条件方面的知识储备不足，是寻求采用这种先进成形设备的公司所面临的最大障碍。由于供应商提供的新型材料的属性与常规的钢、铝合金相比变化很大，所以工艺知识对于成形新型高强度钢和低韧性铝合金等轻质结构变得更为重要。

本项研究提出的工作包括：①先进技术评审；②片材属性表征；③开

发控制算法；④对实验室规模的成形试样和工业应用规模的成形样件进行验证，预计开发周期为 3~5 年。

本项研究开发的方法将集成商用现成的测量工具、成形仿真软件和伺服控制的压力/缓冲系统，进而为成形工业提供一个简单的智能化工具。智能化工具可实现成形材料属性传感器测量数据、成形过程实时采集监控数据的集成，实现最终产品性能的准确预测。此外，开发的实时控制方法可以提供用于优化成形压机操作规程的关键工艺信息、用以控制压机力/速度曲线的算法，以及最终冲压件产品信息。

### （六）开发适用于铝、钛、镍和钢等金属的热成形技术

美国运输行业面临的挑战是生产性能改进、燃油消耗降低、$CO_2$ 排放减少的运输车辆，以满足市场需求和日益严格的政府法规。运输行业应对这些多重挑战的技术途径之一就是轻量化结构件。运输行业越来越多地采用更轻、更强的钢和铝，以及钛、镁等其他有色金属合金，实现这些目标。

目前，航天工业一直在使用超塑成形（SPF）工艺成形钛和镍合金。SPF 工艺开发和生产运行缓慢、成本高昂。在过去几年，几家航空原始设备制造商和供应商开始研究温/热成形工艺，以替代 SPF 工艺成形几何结构较简单的零部件。汽车工业一直都在使用温/热成形工艺制造锰硼钢高强结构。在过去 10 年中，多家原始设备制造商和供应商一直致力于为实现轻量化目标开发 5、6、7 系列铝合金的各种热成形工艺。然而，由于技术挑战和高昂的制造工艺/材料成本，这些技术没有得到商业化应用。要开发的温/热成形新工艺的不同之处在于加热成形材料，而不是将成形模具与材料成形过程相结合，防止局部冷却。将实用的温/热成形推向市场需要创新的解决方案，以消除成形后热处理，并改进成形能力限制，以保持成本竞争力。

本项研究提出的工作包括：①最先进的技术评审；②片材属性的表征；

③润滑剂和工具涂层的评估；④开发预测能力；⑤实验室规模成形试样的测试；⑥工业应用规模的样件制造。该项研究成果将用于解决与多学科研发计划相关的所有关键问题。多学科研发计划的焦点目标是开发原型工艺，其由原始设备制造商和供应商的成本目标与车辆燃料效率目标推动实施，并进行相应调整，预计开发周期为 3~5 年。

**（七）开发轻质金属锻造技术**

锻件广泛应用于要承受动态载荷的动力传动系统和结构。美国的锻造产品主要应用于汽车、军民用航空航天、军用重型车辆和其他武器系统、农用机械和通用工业设备等各个领域。在北美，定制化锻件的年销售额估计约为 100 亿美元。水、陆、空使用的各种运输车辆均使用了大量的锻件。锻件减重会对运输车辆产生重大影响，包括减少燃油消耗、减少 $CO_2$ 排放、提高车辆运输效率、减轻货运吨位，从而减少公路交通压力、提高船舶和飞行器的机动性。

目前，汽车行业轻质结构的研发主要集中在车体上，而对汽车动力传动系统和底盘的质量减小关注较少，其质量占汽车总重的 45%。对于轻型和重型车辆，动力传动系统和底盘分别占车辆总重的 60% 和 80%。显而易见，如果为动力系统开发轻量化锻造新技术，可大幅减小运输车辆的重量。

该项研究开发的新技术将使车辆更环保，还可促进美国锻压行业的增长，增加美国锻件的全球市场份额，提供高科技就业岗位。另外，还可为国防领域设计新产品和轻量化系统（之前在国防领域生产不具成本效益或根本不可行）提供新途径，预计开发周期为 5 年。

**（八）增强连接与成形技术劳动力发展平台能力**

该项研究旨在通过提供相关培训，提高现有劳动力的技能水平，提高其对制造技术的兴趣，并为年龄小于 22 岁的劳动力开发早期技能，预计开发周期为 1~3 年。

该项研究规划了 3 项工作重点：①建立国家培训中心，用于对在成熟行业和专业工程科学学科工作的员工进行培训；②制定学徒计划，主要是对高中和职业学校的学生进行培训；③建立国家合作计划，为在校大学生和刚入职的专业人员提供合作机会，增加其工作经验。

## 三、结束语

当前，新一轮工业革命正在兴起，增材制造、智能制造、纳米制造等新兴制造技术已经成为全球制造业的关注重点和发展热点。美国通过规划先进材料连接与成形技术未来发展路线图，为材料连接与成形等传统制造工艺技术如何应对新形势实现可持续发展指明了方向。通过《路线图》可以看出，未来传统制造工艺技术也将与信息技术、数字化技术、智能化技术等不断深入融合，发展重点包括：①应对新材料技术发展需求，开发与之相适应的工艺技术；②发展基于虚拟现实/增强现实的工艺仿真技术，真实再现具体工艺过程，实现工艺过程最优化；③建立工艺数据库，由基于经验的工艺设计优化向基于知识的智能工艺设计优化转变；④研究传感技术、可视化技术等技术集成应用，实现工艺过程实时监控，提升工艺自动化、智能化水平；⑤加强相关技术人才培训与储备。

（中国兵器工业集团第二一〇研究所　李晓红）

# 搅拌摩擦焊技术在美、欧航天领域应用分析

搅拌摩擦焊（FSW）是一种在机械力和摩擦热作用下的固相连接技术，具有适合于自动化和机器人操作等诸多优点，对于有色金属材料（铝、铜、镁、锌等）等的连接，在接头力学性能和生产效率上具有其他焊接方法无法比拟的优越性，是一种高效、节能、环保型的新型连接技术。自英国焊接研究所（TWI）发明以来，经过20余年的发展，搅拌摩擦焊已成为在铝合金构件制造中可以代替熔焊的工业化实用连接技术，在美、欧航天领域得到大量成功应用。近年来，搅拌摩擦焊技术不断创新发展，巨型焊接装备拓展零部件的制造尺度极限，航天用钛合金等高熔点材料搅拌摩擦焊技术取得重要突破。

## 一、搅拌摩擦焊技术彻底解决了铝合金的焊接性问题，在航天工业铝合金构件制造中得到广泛应用

无论是传统的熔焊方法还是激光焊、电子束焊等各种焊接方法，都不能彻底解决铝合金的焊接性问题，尤其是2系列、7系列等高强铝合金。采

用英国焊接研究所针对焊接性差的轻质有色金属开发的搅拌摩擦焊技术可以焊接所有系列的铝合金，不存在常规熔焊缺陷，彻底解决了铝合金的焊接性问题。

轻量化一直为航天工业追求的目标，运载火箭箭体主要组件——推进剂贮箱等部件都采用比强度较好的 2 系列及 7 系列铝合金材料。美、欧率先将搅拌摩擦焊技术用于航天运载工具的焊接，从一定程度上解决了轻质合金焊接性差的一系列问题。

美国波音公司最早实现了实际产品的搅拌摩擦焊工艺技术应用，已成功代替熔化焊，实现了大型运载火箭高强铝合金燃料贮箱的加工制造。波音公司首先将搅拌摩擦焊技术应用在 Delta 系列运载火箭铝合金贮箱中间舱段的连接制造，并成功发射升空，所用设备为 ESAB 公司制造的搅拌摩擦焊焊机。到目前为止，波音公司采用搅拌摩擦焊技术焊接了多个型号航天运载器贮箱，焊缝长度超过几千米，未发现任何缺陷。搅拌摩擦焊的应用，大幅缩短航天运载器制造周期、降低其制造成本。

洛克希德·马丁公司采用搅拌摩擦焊完成了 2195 铝锂合金航天飞机外贮箱（直径为 8.4 米、长达 47 米）生产。美国太空探索技术（SpaceX）公司的"猎鹰"9 号是世界上第一种全面应用高强度 2195 铝锂合金的火箭，其第一级的贮箱箱体和封头均由铝锂合金制成，采用强度高、可靠性高的全搅拌摩擦焊工艺制造。

按照 NASA 的计划，在美国航天飞机退役后，"战神"（Ares）系列火箭（"战神"-Ⅰ、Ⅱ、Ⅳ）将成为执行美国空间探索的新型运输基础设施的重要单元。"战神"-Ⅰ火箭上面级的液氢、液氧贮箱将全部采用 2195 铝锂合金材料，并采用搅拌摩擦焊制造。"猎户座"飞船是 NASA 研发的新一代载人航天器，在"火星之旅"任务中为将航天员送往深空目的地发挥重要作用。"战神"－Ⅰ火箭运载的"猎户座"载人飞船的乘员舱和服务舱也都将采用铝锂合金。2016年1月，NASA在米丘德装配厂完成"猎户座"飞船乘员舱铝锂合金主结构的搅拌摩擦焊连接，标志着NASA在"火星之旅"计划中又前进了一步。

## 二、巨型焊接装备拓展零部件的制造尺度极限，提高焊接质量和效率

NASA和波音公司通过3年（2012—2014年）联合攻关，研制了6套大型自动化搅拌摩擦焊装备，组成了具有里程碑意义的世界最大的"搅拌摩擦焊接装备库"，可满足低地轨道运载能力分别为70吨、105吨、130吨的3种"航天发射系统"（SLS）重型运载火箭一级箭体结构建造需求。这套巨型焊接装备库（图1）包括圆顶焊接装备（CD-WT）、分段环形焊接装备（SRT）、增强型自动化焊接设备（ERWT）、垂直焊接中心（VWC）、戈尔焊接工具（GWT）5套大型部件自动化搅拌摩擦焊接装备，以及1套高51.8米、宽23.8米、用于部件总装的垂直集成中心（VAC），可实现水平焊、垂直焊、仰焊等不同位置空间焊接以及前所未有的厚度、长度、直径结构件的焊接。VAC是一个巨型轨道焊接系统，通过搅拌摩擦焊将贮箱封头、筒形箱体、箱间段、箱体环箍结构、裙部和发动机等大型结构件焊接装配在一起，以完成第一级箭体结构的制造。此外，在搅拌摩擦焊装备中集成了焊缝质量无损检测功能，提高了焊接质量和效率。该搅拌摩擦焊接装备库既为"航天发射系统"第一级箭体结构研制生产提供了工艺保障，也可用于其他大型结构件的高效焊接。

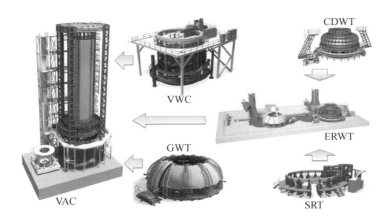

图 1　NASA 搅拌摩擦焊装备库

2017 年 6 月，NASA 的米丘德装配厂正在开展航天发射系统芯级 5 个部段的制造工作，液氢贮箱采用自持式搅拌摩擦焊，该贮箱是这种焊接工艺加工过的厚度最大的部件。液氧箱箱底和筒段的焊接工作也正在进行。

## 三、搅拌摩擦焊技术在钛合金推进剂贮箱焊接中取得突破

钛合金具有比强度高、耐高温、耐腐蚀性能好等优点，被广泛应用于航空航天等领域。钛合金在航天领域的应用实现了发射质量减小、射程增加、费用节省。然而，由于目前制造方法存在成本高、周期长、材料利用率低等问题，使得钛合金推进剂贮箱成为航天发射计划中成本最高的组件之一。

为降低钛合金推进剂贮箱制造成本，应对发射任务和世界发射市场的竞争，2014 年，欧洲航天局通过通用支持技术计划（General Support Technology Programme，GSTP），调查研究搅拌摩擦在制造未来空间计划

用钛合金推进剂贮箱的能力。在该计划的资助下，英国焊接研究所（TWI）与空客集团防务与航天（Airbus Defence and Space）公司合作，于 2014 年 12 月开始进行为期 2 年的钛合金推进剂贮箱静止轴肩搅拌摩擦焊可行性研究。

静止轴肩搅拌摩擦焊（Stationary Shoulder Friction Stir Welding，SSFSW）是英国焊接研究所为解决钛合金热导率较低导致在板厚方向存在较大的温度梯度而影响接头性能的问题，基于传统搅拌摩擦焊开发的一种新型固相连接技术。在 SSFSW 过程中，内部搅拌针处于旋转状态，而外部轴肩不转动，仅沿焊接方向行进。SSFSW 具有热输入低、缺陷率低、焊接载荷低、焊缝成形好、组织均匀、焊接残余应力与变形小、接头力学性能优异及使用灵活、适用于复杂形式接头的焊接以及可以进行增材制造等诸多优势，在钛合金、不同厚度铝合金等高质量固相焊接接头、低导热系数材料接头、薄板焊接、复杂形式接头的焊接及增材制造方面具有广阔的应用前景，是目前固相摩擦焊领域的热点研究问题。

2015—2016 年，英国焊接研究所研究开发了钛合金（Ti‑6Al‑4V）贮箱原型静止轴肩搅拌摩擦焊所需的焊接工装系统（图 2）及焊接工艺参数，完成了两个直径为 420 毫米的钛合金筒形件（图 3）的连接，以及直径均为 420 毫米的半球与筒形件的连接，成功实现了钛合金贮箱的世界首次全周向搅拌摩擦焊。最终通过工艺放大，制造了 4 个全尺寸钛合金贮箱，将钛合金搅拌摩擦焊的技术成熟度等级从 3 级提高到了 6 级。与常规焊接技术相比，采用静止轴肩搅拌摩擦焊技术制造的钛合金贮箱在成本、可靠性、效率和环境友好型等方面均有优势，生产成本预计减半，制造时间从数月缩短到数周。

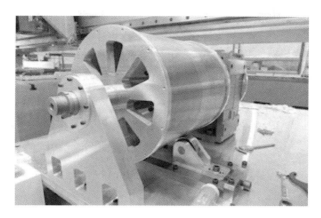

图 2　英国焊接研究所开发的全周向搅拌焊工装

图 3　正在对两个钛合金筒形件进行静止轴肩搅拌摩擦焊

搅拌摩擦焊耗能较少,焊接过程对焊缝造成的残余应力小于标准的熔焊,制成的贮箱扭曲变形更小,焊后材料性能可与未焊材料性能相媲美。2017 年 2 月,采用静止轴肩搅拌摩擦焊制造的钛合金推进剂贮箱,已经过详细的 X 射线分析(图 4),检查了其在轨应用的稳健性,后续测试正在量化焊接强度,并为搅拌摩擦焊工艺制定验证标准,推动其未来在航天领域的工程化应用。

图 4　采用 X 射线测试搅拌摩擦焊接贮箱

## 四、结束语

美、欧不断拓展搅拌摩擦焊技术在更多材料领域的特殊需求，目前，逐步向高熔点合金材料展开探索研究，通过改进搅拌头设计、工艺参数、工艺控制等，进行技术突破。钛合金作为轻质高强度金属，在航天领域具有巨大的应用潜力，搅拌摩擦焊技术的不断发展，及其固有的优势，必将为钛合金在航天领域的广泛应用提供有力支撑，加速钛合金搅拌摩擦焊接技术在航天领域的工程化应用。

（中国兵器工业集团第二一〇研究所　苟桂枝）

# 复合材料自动铺放成形技术发展现状分析

先进树脂基复合材料在武器装备，特别是航空航天装备中用量不断增加，已经成为主要结构材料。以第五代战斗机为例，美国 F–35 战斗机上复合材料占结构重量 36%，俄罗斯苏–57 战斗机复合材料占机身总重 25%。纤维铺放是大型复合材料结构件成形的主要方法，工艺过程为将多组纤维预浸丝束（铺丝）/窄带（铺带）按照确定的方向，逐层铺放到工装表面，同时加热软化预浸丝束/窄带，压实形成制品型面。

自动铺放成形技术取代人工铺叠，可以显著提高制造质量和效率，受到美、欧等国的普遍重视。2017 年自动铺放新工艺、新装备不断涌现：美国空军实验室采用激光光源替代传统自动铺放设备红外预热器，提高了高温复合材料成形速度；极光飞行科学公司推出丝束引向铺放系统，可以按照预先设计的路径曲线铺放纤维，显著提高产品质量。

## 一、自动铺放成形技术提升大型复杂复合材料构件成形效率和质量，在航空航天领域获得广泛应用

自动铺放成形技术是实现复合材料"低成本、高性能"制造的重要手

段之一。该技术利用专用铺放设备，采用数控技术，可实现铺叠的自动化和预浸带剪裁的自动化，特别适用于大型复合材料构件制造，在航空航天装备结构制造中所占比例越来越大，如空客A350飞机上，自动铺放制造的复合材料构件占总复合材料用量的80%以上。

自动铺带技术采用有隔离衬纸的单向预浸带，剪裁、定位、铺叠、辊压均采用数控技术自动完成，主要用于小曲率或单曲率构件（如飞机翼面）的自动铺叠，目前最新的自动铺带机已经是带有双超声切割刀和缝隙光学探测器的10轴铺带系统，铺带宽度最大可达到300毫米，生产效率达到每周1000千克，是手工铺叠的数十倍。A400M军用运输机的机翼大梁，波音777的尾翼蒙皮，波音787的中央翼盒、主翼盒、尾翼蒙皮，空客A330/A340的襟翼、水平安定面蒙皮，A380的中央翼盒、尾翼蒙皮等都采用了自动铺带技术制造，在提升成形效率、成形质量方面成效显著。例如，A400M的机翼大梁采用自动铺带技术后，铺带速度是手工铺放的40倍，14米机翼大梁精度在0.5毫米，孔隙率达到1%~1.5%。

自动铺丝技术适用于复杂结构的制造（如飞机S进气道），它结合了纤维缠绕和自动铺带技术的优点，铺丝头把缠绕技术所用的不同预浸丝束独立输送和铺带技术所用的压实、切割、重送功能结合在一起，由铺丝头将数根预浸丝束在压辊下集束成为一条宽度可变的预浸带，然后，铺放在芯模表面，铺放过程中加热软化预浸丝束并压实定型。F-35战斗机进气道、机翼蒙皮、空客A380的后机身段、波音787的各段机身、A350前后翼梁、GE90发动机的复合材料宽弦风扇叶片等都采用了自动铺丝技术，其中法孚辛辛那提公司的自动铺丝系统应用成效尤为突出。例如，F-35的机翼蒙皮形状复杂，尺寸大约为3.66米×4.27米，采用该公司的Viper6000自动铺丝机实现了整体制造，大大减少了零件数量和复杂性，使质量减小近11%。

## 二、新型自动铺放成形装备不断问世，智能化、复合化、轻量化成为主要发展方向

### （一）新型自动铺放装备的推出与应用，进一步提升了复合材料成形质量与效率

美国等军事与制造强国一直重视自动铺放成形技术的发展，并不断开发新技术与装备。针对高温复合材料自动铺放成形需要红外线加热器增加黏性，存在反应慢、精度低、效率差的问题，美国空军研究实验室开发了激光辅助固化技术，以激光光源替代红外加热器，经验证自动铺放装备运行速度提高37%，成形质量也得到改善，未来该成果将用于F-35战斗机结构件生产。2017年11月，美国极光飞行科学公司宣布采用丝束引向铺放系统（图1）为美国航空航天局生产了一个11.89米长的复合材料机翼，其中纤维是沿着机翼内部实际载荷的路径弯曲排列而成。该丝束引向铺放系统摒弃了传统的纤维直线铺放模式，而是按照优化得出的最佳弯曲路径曲线铺放纤维，使纤维与机翼承受载荷的位置精准对齐，大幅提高了机翼强度，是纤维自动铺放技术的重要突破。

### （二）自动铺放成形装备与在线检测技术和机器人技术紧密结合，智能化发展取得初步进展

智能化是各类制造装备发展的必然方向，自动铺放成形装备也不例外。随着智能传感器技术的进步，将其置于自动铺放设备的铺放头上，自动实施过程中的在线检测已经成为复合材料智能制造的主要实施途径。在空军研究实验室资助下，美国国家国防制造与加工中心、英格索尔机床公司和阿连特技术系统公司共同开发了新型复合材料构件自动检测系统，并应用

图 1　极光公司丝束引向铺放系统

于自动铺丝装备,在 F–35 战斗机短舱生产中,缺陷检出率为 98.4%~99.7%,误检率为 0.1%~0.2%,检测精度和速度远高于人工检测。2017 年 3 月,空客集团旗下 InFactory 解决方案公司开发的自动铺丝传感器在西班牙 M. Torres 公司的设备上(图 2)通过空客的合格鉴定,未来将面向缺陷位置可视化进行进一步开发。未来 M. Torres 机床都将集成在线检测系统,以确保在制零件的质量。

自动铺丝技术与机器人平台结合,已广泛应用于复合材料构件成形。法国科里奥斯复合材料技术公司是开发基于商用机器人平台的自动铺丝系统的先行者,它开发的机床已经被庞巴迪 C 系列支线飞机项目选择作为复合材料零件制造装备。MAG 公司专门为此前采用手工铺层的小型零件开发了一台小型机器人自动铺丝系统,可输送 4~16 束丝束,丝束宽度为 3.18 毫米或 6.34 毫米。2015 年 8 月,NASA 马歇尔复合材料中心采用美国 Electroimpact 公司开发的自动铺丝机器人制造了直径超过 8 米的复合材料火箭部件,该机器人机械臂长 6.4 米,头部一次可装入 16 束碳纤维,并能在多个

图 2　在 M. Torres 公司的设备上的自动铺丝传感器

方向上运动,以实现精确铺丝。

（三）自动铺丝与自动铺带集成到同一装备可显著提升制造效率,成为当前研究热点

兼具自动铺带和自动铺丝的复合设备是目前复合材料自动铺放技术的研发热点,法国法孚、西班牙 M. Torres、美国 Electroimpact 等公司相继开发出自动铺带/铺丝双工艺工作装备。法国弗雷斯特—里内（Forest – line）公司开发了一台双铺放头铺放机床,将自动铺带机的铺带头和自动铺丝机的铺丝头集成在同一台复合材料铺放加工设备上,实现了自动铺带和纤维束自动铺放的复合应用。MAG 公司收购 Forest – line 公司后,在此基础上推出了新型 GEMINI 复合材料工艺系统,可以在 2 分钟内实现自动铺丝和自动铺带模式间切换,首个 GEMINI 系统已经由阿连特技术系统公司（ATK）购买并安装于密西西比州卢卡工厂。铺丝铺带集成设备可以削减购买机床、设施配套以及人员的成本,实现柔性低成本制造。

## (四）用轻质复合材料工装替代传统金属工装，成为降低大型复合材料构件铺放成形成本的有效途径

工装的质量直接影响铺放和后续热压罐成形的效率和成本，采用复合材料制造工装，比传统殷钢工装质量减少40%，可以显著缩短制造周期、降低能耗，因此，在大型结构件制造中受到越来越多的重视。波音公司与ATK公司等联合为787机身43段开发新型芯轴，该芯轴为轻质碳泡沫/双马树脂芯轴，比传统殷钢设计要少57吨，降低了起重机、操作设备和铺丝机的能力要求。洛克希德·马丁公司联合美国Remmele工程公司开发了一种由殷钢和复合材料组成的混合工装"InvaLite"，在双马树脂碳纤维底板上附加了殷钢外表面，与标准殷钢工装相比，厚度从12.7毫米减到6.35毫米，重量至少减小50%，从而大大缩短了固化过程中加热和冷却周期。美国赫式公司开发了一种名为"HexTOOL"的工装材料，它采用准各向同性材料，热膨胀系数和密度均与碳/环氧制品相同，最高工作温度可达230℃，在180℃的固化温度下可反复使用，经机械加工后不丧失准各向同性，目前已用于A350机身壁板2个模具的制造。

## 三、自动铺放数字化设计制造一体化软件进一步促进飞机、导弹武器装备复合材料构件高效低成本制造

西方发达国家经过几十年的研究，特别是随着专业软件开发商的加入，已经开发了多套商用自动化铺放数字化设计制造一体化软件，形成了完备的复合材料设计制造解决方案。

美国VISTAGY软件公司开发的FiberSIM复合材料设计制造一体化软件，支持复合材料构件从概念设计到制造的整个过程，可显著减少复合材

料构件的制造时间和成本,已经在国防领域得到广泛应用。洛克希德·马丁公司采用该软件使得联合攻击战斗机(JSF)进气道制造时间缩短400小时,产品不合格率也显著降低。欧洲导弹系统公司采用FiberSIM软件使导弹弹体、发射箱等复合材料零部件开发过程的重复作业时间减少30%,开发周期缩短20%。

美国CGTech公司在数控加工仿真软件VERICUT的基础上开发了自动铺丝铺带软件——VERICUT复合材料编程与仿真(VCP & VCS),可根据CAD文件中的曲面模型和铺层边界信息,生成铺放轨迹并优化铺层顺序。空客公司与法国纯粹和应用数学中心以航空航天领域广泛采用的CAITA V5软件为基础联合开发了自动铺带软件TapeLay。该软件可直接集成到CAITA V5系列软件中,已成功应用于法国阵风战斗机机翼蒙皮的制造,西班牙M-Torres公司也将该软件用于自动铺放设备的开发,美国英格索尔公司则开发了同样基于CATIA CAA V5的纤维自动铺放软件英格索尔复合材料编程系统(ICPS)。

## 四、结束语

利用先进复合材料取代传统的钢、铝合金等材料制造武器装备结构件,可以在保证武器装备性能的同时,大大减小装备的质量,已经成为实现武器装备轻量化的有效途径之一。自动铺放成形技术的发展,更是直接推动了大型复合材料结构件在武器装备中的应用。美、欧等非常重视自动铺放成形技术的发展,已经形成自动铺放成形工艺、装备、软件、材料成套技术,全面应用于航空航天装备关键部件的制造,而且仍在不断开发新技术与装备。进一步提升效率、降低成本是当前自动铺放成形技术发展的主要目标，提升智能化水平是自动铺放成形装备的重要方向，发展在线检测技术、自动铺放技术与机器人平台紧密结合、自动铺带与自动铺丝集成化发展、采用轻质复合材料工装取代传统金属工装，是当前自动铺放成形技术发展的重点。

（中国兵器工业集团第二一〇研究所　商飞）

# NASA 太空制造技术发展分析

太空制造是指在国际空间站、在轨维护平台、月球与深空等外太空实施制造与集成装配任务的过程。太空制造技术是先进制造技术、机器人技术与航天技术的有机融合和跨界创新，对形成太空按需制造、维修、回收、重用等能力具有重要意义。美国航空航天局（NASA）自2011年以来，大举推进太空制造技术创新发展，明晰发展路线和重点，致力于推动太空制造技术从"依赖地球"向"独立于地球"转变。

## 一、NASA 太空制造技术发展现状

### （一）完成首台实用型国际空间站"增材制造设备"部署及运行

NASA 从 2011 年开始研发太空增材制造技术，突破零重力太空 3D 打印制造方法，设计、材料与制造工艺，飞行试验等关键技术；2014 年 11 月，在国际空间站安装了世界首台零重力 3D 打印试验设备，首次实现从地面遥操作国际空间站 3D 打印制造；2016 年 3 月，在国际空间站上安装了首台实用型"增材制造设备"（AMF），开始为国际空间站制造实用物品，为地面

商业用户提供制造服务。NASA 通过太空增材制造任务：一是验证熔融堆积成形（FDM）工艺在微重力环境下的工艺性能，确定了 FDM 关键工艺参数；二是测试分析返回样品，建立了基线材料性能数据库；三是突破遥操作打印制造技术；四是解决了制造设备承受火箭发射冲击和适应太空环境的难题。

**（二）完成国际空间站太空回收与重用设备技术验证原型开发**

为实现太空 3D 打印制造废料回收，形成国际空间站闭环制造流程，2014 年，NASA 授予太空制造公司和绳系无限公司小企业创新研究（SBIR）计划第一阶段研发合同，分别开展 ABS 塑料回收系统和"Positrusion"纤维回收系统技术论证；2015 年，授予绳系无限公司 SBIR 第二阶段合同，为国际空间站和未来深空载人任务研发"Positrusion"纤维回收系统，并于 2017 年实现在国际空间站进行技术验证的原型开发。"Positrusion"是一项将塑料废弃物转化成太空 3D 打印设备可用纤维的新技术，用于在国际空间站上制造工具和零部件、替换零部件等，所生产纤维直径与密度比采用传统挤压工艺造出的更均匀，可显著提升太空制造工具和零部件的质量。

**（三）开始发展第一代多材质太空制造实验室地面原型**

为形成未来空间探测所必须的多材料太空按需制造能力，NASA 开始以国际空间站为试验场，发展第一代多材料太空制造实验室（FabLab）。2017 年 5 月，NASA 开始征求关于建造第一代多材料 FabLab 的方案；2017 年 12 月，授予 Interlog、TechShot 以及绳系无限三家公司约 1 千万美元的研发合同以建造 FabLab 地面验证原型，研发周期为 18 个月，此后将继续寻找合作伙伴以推进技术成熟，历时 3 年完成国际空间站演示验证原型研发。FabLab 是继国际空间站 3D 打印塑料制品取得成功后的一次太空制造能力拓展，旨在形成具备针对多种材料（包括金属）、电子元器件、检测、自主加工等能力的按需太空制造能力。第一代 FabLab 建设分 3 个阶段实施，最终目标是在国际空间站进行演示验证。

### （四）实施了一系列太空制造关键技术和方案研发

近年来，NASA 重点围绕太空制造材料特征数据库研发、按需太空制造目录建设、外太空制造、电子元器件太空制造、金属材料太空制造、太空制造测试与验证等开展了一系列研究，形成了一定的技术储备，为太空制造技术未来发展奠定基础。例如，NASA 联合太空制造技术专家、国际空间站用户及空间探测专家等共同开展了太空按需制造零部件目录研发，以强化太空制造安全性，推进太空制造规范化；为描述微重力对打印零部件及其机械性能的影响，NASA 开始针对微重力应用研发材料特征数据库，并将其纳入马歇尔空间飞行中心的材料及工艺过程技术信息系统等。

## 二、NASA 太空制造技术发展路线

NASA 明确提出通过"依赖地球：国际空间站太空制造技术验证""试验场：地月空间平台太空制造能力建设""独立于地球：行星表面平台太空制造能力建设"三类相互衔接、循序渐进的太空制造活动，统筹规划，由近及远，由易到难，有机衔接，推进太空制造技术发展，最终形成应用于空间探测任务的太空按需制造能力。基于这一发展思路，NASA 勾勒出太空制造技术发展路线图。

### （一）NASA 国际空间站太空制造技术发展路线图

2014—2024 年，NASA 主要致力于国际空间站太空制造技术研发，到 2025 年形成太空回收、多材料太空制造等能力，以及太空制造零部件数据库基础支撑能力。重点技术方向包括国际空间站 3D 打印技术验证、国际空

间站 AMF、太空回收与重用、国际空间站多材料 FabLab、金属材料太空制造研发、电子元器件太空 3D 打印、空间探测系统设计数据库与组部件测试、太空制造验证与确认等。NASA 国际空间站太空制造技术发展路线图如图 1 所示。

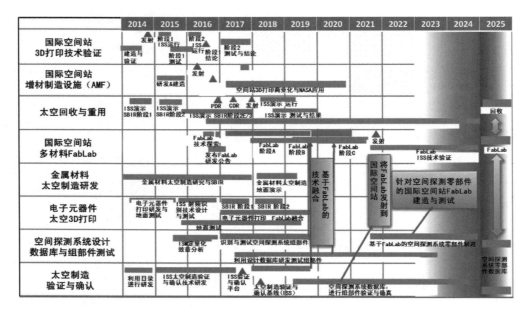

图 1　NASA 国际空间站太空制造技术发展路线图

（二）NASA 太空制造技术发展路线图

按基于地面与国际空间站的技术研发与验证、面向空间探测任务的应用实施两个阶段，NASA 勾勒出 2035 年前太空制造技术发展路线图，如图 2 所示。其中，国际空间站作为空间探测的技术试验场，致力于推进太空制造技术验证和成熟度提升。

**1. 基于地面与国际空间站的技术研发与验证**

分 4 个阶段开展太空制造技术地面与国际空间站演示验证。

## 重要专题分析

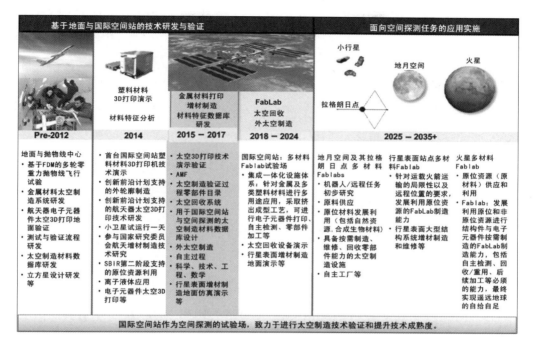

图 2　NASA 太空制造技术发展路线图

阶段一（2012 年以前）：利用地面与抛物线中心开展太空制造技术论证。技术突破重点包括基于 FDM 的多轮零重力抛物线飞行试验、金属材料太空制造系统研发、航天器电子元器件太空 3D 打印地面验证、太空制造测试与验证流程研发、太空制造材料数据库研发、立方星设计研发等。

阶段二（2014 年）：重点开展塑料材料太空 3D 打印技术验证、材料特性分析等研究。技术突破重点包括首台国际空间站塑料材料 3D 打印机技术演示验证、创新前沿计划支持的外轮廓制造、创新前沿计划支持的航天器太空 3D 打印技术研发、小卫星试运行一天、参与国家研究委员会航天增材制造技术研究、SBIR 计划第二阶段支持的原位资源利用、离子液体应用、电子元器件太空 3D 打印等。

阶段三（2015—2017 年）：重点开展材料特征数据库、金属材料打印、增材制造技术等研究。技术突破重点包括：太空 3D 打印技术演示验证；AMF；太空制造验证过程零部件目录；太空回收系统；用于国际空间站与空间探测的太空制造材料数据库设计；外太空制造；自主过程；科学、技术、工程与数学；行星表面增材制造地面仿真演示等。

阶段四（2018—2024 年）：聚焦国际空间站 FabLab 研究。技术突破重点包括：集成一体化设施体系——针对金属及多类塑料材料进行多用途应用，采取挤出成形工艺，可在国际空间站进行电子元器件打印、自主检测、零部件加工等；太空回收设备演示；行星表面增材制造地面演示等。

**2. 面向空间探测任务的应用实施（2025—2035 年及 2035 年后）**

分 3 个阶段推进面向月球与深空探测任务的太空制造能力形成。

阶段一：地月空间及其拉格朗日点多材料 Fablabs 建设。重点发展机器人/远程任务初步分析，原料供应，原位材料发展利用（包括自然资源、合成生物材料），具备按需制造、维修、回收零部件能力的太空制造设备建设，自主工厂等。

阶段二：行星表面站点多材料 Fablab 建设。针对运载火箭运输的局限性以及远程目标要求，重点发展利用原位资源的 Fablab 制造能力、行星表面大型结构系统增材制造和维修能力等。

阶段三：火星多材料 Fablab 建设。重点发展原位资源（原材料）供应和利用能力；利用原位和非原位资源的结构件与电子元器件按需制造的多材料 FabLab 能力，包括自主检测、回收/重用、后续加工等必须的能力，最终实现火星等远程目标的自我维护。

## 三、NASA 太空制造技术发展重点

### （一）太空制造与维修技术

太空制造与维修技术目标是联合工业界和学术界力量共同研发和验证太空任务实施所必须的按需制造与维修技术。主要包括：①电子元器件太空 3D 打印技术，主要利用地面技术研发电子元件、传感器、电路等电子元器件太空 3D 打印使能技术；②太空卫星 3D 打印技术，主要结合太空 3D 打印和电子元器件打印技术，形成在轨按需制造卫星的能力；③多材料 FabLab，主要用来形成大型、高强度零部件以及维修所必须的多种材料（包括金属）一体化制造能力；④地外空间增材制造，主要用来形成月球、火星等星表按需制造能力等。

### （二）太空回收与重用技术

太空回收与重用技术目标是研发和验证回收与重用能力，以实现日益增长的太空任务的可持续发展。该技术主要用来回收与重用太空 3D 打印零部件和包装材料，将其再生为原材料，从而在国际空间站以及地外天体（月球、火星等）上形成可自我维持的闭环制造流程，对太空可持续发展具有重要影响和意义。

### （三）太空制造设计数据库

太空制造设计数据库研发由 NASA 负责完成。目前，NASA 太空制造专家正与空间探测系统设计师共同研发太空制造数据库，旨在实现空间飞行任务中所产生零部件和系统的统筹管理。太空制造设计数据库所管理的数据信息主要包括材料信息、测试与验证数据、设计数据等。这些数据信息将被加工成空间探测任务所需的零部件使用目录。

## 四、结束语

NASA 致力于联合工业界与学术界的力量，充分利用地面技术，大力推进太空制造技术发展，未来将建成具备多材料零部件制造、自主检测、回收与重用、自主加工等能力的集成化 FabLab 设备，服务于月球、小行星、火星等空间探测任务。太空制造技术发展对推动航天器研发模式变革，打造独立于地球的按需制造能力，有效降低空间探测成本与风险，解决未来载人深空探测任务应急货物原位制造和供应问题，加速形成经济可持续的太空生态系统等具有重要意义。

（中国航天系统科学与工程研究院　孙红俊）

# 军工高端制造装备发展现状分析

军工高端制造装备是指武器装备研制生产所必须的、技术水平高及附加值高的制造装备，是武器装备性能实现的重要手段，是提升国防科技工业总体水平的重要基础，是维护国家安全的重要保障。随着全球制造业复兴、新一轮武器装备竞赛愈演愈烈、局部冲突和热点问题频发，各国纷纷把发展高端制造装备作为保障新型武器装备研制、抢占国防科技制高点、谋求未来国际竞争有利地位的重要途径。

## 一、军工高端制造装备发展与武器装备体系建设相适应，有力地支撑了新一代武器装备研制

在航天领域，美、欧发展了电场辅助烧结设备等多种高端制造装备，应用于高性能超大型结构件制造，满足了高超声速飞行器、新型导弹/运载火箭大型化、轻量化研制需求。为支撑马赫数 6 以上可重复使用高超声速飞行器研制，美国开发了电场辅助烧结技术及装备，烧结温度最高可达 2400℃，可制造具有梯度结构或特殊功能的零件。为支撑新一代运载火

箭"航天发射系统"（SLS）研制，NASA建造出世界最大的运载火箭搅拌摩擦焊接装备（高51.8米、宽23.8米）。NASA还研制了大型16丝束自动铺丝系统（自动铺丝横向行程最大12米、机械臂最大伸长6.4米），用于制造8米级复合材料液氢贮箱。为支撑"阿里安"5号火箭助推器壳体研制，德国建造了欧洲最大的立式结构对轮旋压机，可成形的圆筒直径范围0.4~8米，毛坯壁厚范围4~100毫米，旋压后工件最大长度16米。

在航空领域，为支撑新一代战斗机、运输机、航空发动机研制需求，各国发展先进数控加工设备、自动铺丝设备、装配机器人系统等，以满足复合材料、钛合金等轻质材料的加工需求，实现航空产品轻量化，提升产品可靠性与生产效率。波音公司和空客公司采用5坐标联动大型自动铺带设备和6轴联动的铺放设备，完成进气机匣外涵道等复杂型面的复合材料的自动铺放。新型低温加工设备、水射流加工设备满足了F-22、F-35战斗机研制中钛合金加工需求。美国海军开发新型透明件自动化热成形装备，有效解决了F-35战斗机座舱罩加工困难的问题。洛克希德·马丁公司开发了机器人飞机精整系统，由3个安装在辅助导轨上的6轴机器人组成，满足F-35战斗机进气道精确喷涂需求。罗尔斯·罗伊斯公司和MTU公司采用线性摩擦焊+自适应数控加工系统成功地制造了宽弦风扇整体叶盘，并为F135发动机提供空心叶片整体叶盘。波音公司与德国库卡公司共同开发钻铆机器人，用于B777机身前段和后段约60000个紧固件的高效精密组装，预计将使装配周期缩短1/2以上。

在船舶领域，美国、日本等造船强国发展先进焊接装备、数控加工中心、板材柔性成形等装备，提高焊接效率，实现舰船超大尺寸构件快速、精确成形，满足新型航空母舰、潜艇制造要求。美国通用电气公司开发高功率激光电弧复合焊接系统,采用 20 千瓦光纤激光器,以高于 1.8 米/分钟的速度焊接厚度达 12.7 毫米的钢板,使"福特"号新型航空母舰建造节省了 800 吨/艘焊缝金属材料,整个焊接周期缩短 80%。德国 MTU 公司为满足 MTU396、MTU956 等系列柴油机生产需要,建立了包含 300 多台数控机床的制造系统平台。日本研制了三列冲头、6×6 排列、10×10 排列及 16×61 排列冲头的多点式压力机,主要用于船体外板中变形量较小的三维曲面件成形。

在兵器领域,美国、欧洲开发与应用重型锻压装备、弹药装配机器人等高端装备,满足新型坦克装甲车辆与发动机高机动、高防护,以及弹药安全生产要求。为支撑新型战车研制,美铝公司采用 5 万吨锻压机锻造出世界上最大的战车整锻铝合金车体底部,这是被美国国防部视为战略资产的 5 万吨模锻机首次用于陆军装备结构件的制造。为支撑 M777 榴弹炮研制,美国采用钛合金熔模铸造设备、热等静压设备等,实现基础系统减重 42%,尺寸减小 25%。为满足高毁伤弹药安全生产要求,国外发展了基于视觉导引的机器人用于弹药装配。AIR – VAC 公司利用基于机器视觉的装备可完成 25 毫米口径炮弹引信的自动装配及检测。

在电子领域,国外掌握了大量制造装备的核心技术,有力支撑新型军用电子元器件和装置研制生产。柔性晶体硅电池在临近空间飞行器上有着广泛的应用,喷墨打印电极是其研制生产的关键设备,目前该类设备仅以色列 Xjet 一家公司掌握。在注入掺杂方面,国际上也只有美国 I-BIS、日本日立和日本真空技术(Ulvac)等少数几家公司能够推出高温离子注入机等军用特种掺杂设备,并严格限制出口。在外延生长设备方面,美国维易科(VEECO)、科锐(CREE)、德国爱思强(AIXTRON)等少数几家公司垄断了碳化硅(SiC)外延、金属有机化合物化学气相沉积（MOCVD）等核心外延设备市场。日本东京电子（TEL）是集成电路生产线上最大的匀胶显影设备提供商，现阶段已能提供20纳米工艺的均胶显影设备。

整体来看，当前国外各领域新型武器装备采用的高端制造装备如表1所列。

表1 近期国外支撑新型武器装备研制的高端制造装备概况

| 制造装备类型 | 具体高端制造装备 | 涉及新型武器装备产品 |
| --- | --- | --- |
| 数控加工 | 自适应数控加工系统<br>大型数控加工平台<br>钛合金低温加工系统<br>精密水射流加工<br>巨型卧式加工中心 | F-135发动机<br>MTU396柴油机<br>MTU956柴油机<br>F-22<br>F-35<br>"詹姆斯韦伯"太空望远镜 |
| 成形与焊接 | 激光增材制造设备<br>电子束增材制造设备<br>强力旋压设备<br>重型精密模锻机<br>熔模铸造设备<br>大型搅拌摩擦焊设备<br>电场辅助烧结装备<br>线性摩擦焊设备<br>高功率激光电弧复合焊设备 | 高超声速飞行器<br>欧洲"阿里安"5火箭<br>美国航天发射系统（SLS）<br>F-22、F-35<br>XWB-97航空发动机<br>弗吉尼亚级潜艇<br>福特级航空母舰<br>M777榴弹炮<br>两栖步兵战车 |

(续)

| 制造装备类型 | 具体高端制造装备 | 涉及新型武器装备产品 |
|---|---|---|
| 复合材料成形 | 机器人自动铺丝设备<br>大型自动铺带设备<br>非热压罐成形设备<br>碳纤维立体编织预制体自动化生产设备 | 航天发射系统（SLS）<br>F-22<br>F-35<br>A400M |
| 装配机器人 | 导弹导引头光学系统装配机器人<br>主镜面校准与集成夹具机器人<br>双臂仿人机器人<br>机身自动站立装配系统<br>基于视觉导引的机器人 | "标准"6防空导弹<br>"詹姆斯韦伯"太空望远镜<br>空客A380<br>波音777<br>25毫米口径炮弹引信 |
| 电子制造装备 | 深孔电镀设备<br>SiC外延生长设备<br>MOCVD外延生长设备<br>离子注入设备<br>20纳米均胶显影设备<br>全自动金属膜剥离清洗机 | 雷达<br>空间太阳能电池<br>临近空间飞行器 |

## 二、各军事与工业强国均将军工高端装备视为本国核心竞争力，大力支持制造装备发展，并严格控制对外转让

### （一）美、德、瑞、日等国对高端装备的发展一直给予了足够的重视和支持

美国政府近两年发布的多份旨在提升先进制造能力，满足国家安全需求的规划、计划及相关报告中，都提出支持机器人、增材制造装备等高端制造装备的发展。在国家制造创新网络中，"美国造"创新机构（国家增材

制造创新机构）在 2016 年明确提出支持下一代增材制造设备，而 2017 年 1 月成立的"先进机器人制造"制造创新机构则将专注于机器人的开发与应用。瑞士在长达 80 余年的时间内一直保持着对高端装备降税的措施，根据高端装备企业在研发中的投入状况给予补助，并设置新型装备支撑基金，对新型高端装备开发的个人、团体和企业给予支持。日本自 20 世纪 60 年代起，就通过各组织和协会对高端装备的本国研发给予大力援助。阿联酋因贾兹国家公司也与美国洛克希德·马丁公司等共同推出世界首台采用碳纤维复合材料制成的 XMini 机器人智能 5 轴加工机床，并希望通过合作研发制造装备对阿联酋经济发展产生更深远的影响。

**（二）在不断发展军工高端制造装备的同时，各国也把加强高端制造装备出口管制作为限制潜在对手的有效手段**

各国政府均对本国高端装备研制中取得的专利进行严格保密，对技术转让、专利销售等控制极严。美国国防部编制和颁布了《军事关键技术清单》，可支持各类技术评估与鉴定，也为美国及多边出口控制提供了技术依据。在第 12 大类工艺和制造技术中，明确将对于制造大多数军事装备来说必要的减材制造设备（如车、铣、磨床）以及连接和增材制造设备、改进各种军事产品能力的涂层设备和技术、对于提高质量控制水平必要的无损检测和评估设备等制造装备作为限制出口的对象。

## 三、为适应武器装备小型化、远程化、轻量化发展，以及快速研制和高效生产的要求，高端制造装备发展呈现精密化、大型化、复合化、智能化的趋势

**（一）精密化**

新一代雷达、通信、电子对抗和制导等军用电子装备与器件日趋小型

化，对微小结构高精度加工装备的要求越来越高。高精度线切割机、高精度双主轴车削中心、高精度齿轮磨床等高精度加工设备不断涌现，超精密加工设备金刚石刀具锋利程度已达纳米级，并广泛应用于大型光学镜面和军用光学系统。微细电火花、飞秒激光加工、电子束加工等微细特种加工装备在微小型复杂结构中获得成功应用。

### （二）大型化

新一代导弹、远程战略轰炸机、驱护舰与核潜艇大型化、远程化发展使得关键结构部件尺寸越来越大、整体化程度越来越高，促进了极大型制造装备的发展。近年来，美国相继研制了全球最大的搅拌摩擦焊装备、机器人复合材料纤维铺放系统，并利用 5 万吨模锻机制造战车整锻车底。2017 年 6 月，加拿大公司生产出直径约 11 米的超大型盘式转底加热炉，应用于大型固定翼飞机的钛基和镍基合金闭模结构锻件。

### （三）复合化

复合化是指将不同的加工工艺集中到同一台（套）设备上，以满足一些有特殊要求的零部件在加工效率和加工质量方面的要求，如车焊一体化加工、增材减材复合加工等。在数控加工领域，多种不同工序（如车削与磨削）的复合加工、多种不同工艺（如切削与激光热处理）的复合加工，成为提高数控生产效率、减少加工周期的一个重要发展方向；模块化设计的多功能机床、可完成更精确或更复杂型面的多任务复合加工将成为主流，日本近年来推出多种新颖的复合数控机床，并在军工生产领域得到较多成功应用。在增材制造领域，增材减材复合机床研究成为热点，2017 年，美国 3D 混合解决方案公司推出世界上最大的金属 3D 打印机，并配置有 Multiax 的 5 轴数控系统。在焊接领域，激光复合焊接集成了激光焊接技术与电弧焊接技术的优点，弥补了各自的不足，也是复合加工的典型代表。

## （四）智能化

利用现代传感、网络、自动控制、人工智能等技术，实现制造装备的智能化，是未来高端制造装备的主要发展趋势。美国国家制造创新网络中的"美国造"创新机构（增材制造创新机构）、数字化制造与设计创新机构、"先进机器人制造"机构等支持机器人、增强现实、先进增材制造装备等智能制造装备相关研发，成为推动美国制造装备智能化发展的重要推动力量。美国国防部等政府机构投资启动、陆军研究开发工程中心等机构参与的智能机床平台计划（SMPI）促进了美国机床智能化的快速发展；美国特拉华大学近年来开发了一系列仿真工具用于复合材料设计和制造，实现了复合材料智能化制造。

## 四、结束语

从国外发展情况来看，军用高端制造装备有力支撑了新一代武器装备的研制生产，也成为各国维护国家安全、推动制造业整体跃升和抢占竞争优势的重要手段。军用高端制造装备是多技术领域尖端科技的集中体现，技术密集度高，产业关联范围广，军民融合性强，辐射带动效应大，处于装备制造产业链的高端，既需要国家重点支持，也离不开具有不同技术优势的公司协同发展。

（中国兵器工业集团第二一〇研究所　商飞）

FULU

# 附 录

# 2017 年先进制造领域科技发展大事记

**美国空军数字线索项目获国防制造技术成果奖** 1月3日,联合国防制造技术委员会授予 NLign 分析公司和诺斯罗普·格鲁曼公司合作的数字线索项目国防制造技术成果奖。NLign 分析公司的软件通过将数据映射到 3D 模型,使数据能够在 3D 环境下可视化、搜索和展示趋势;通过把大量工艺数据渲染到 3D CAD 模型,实现在 3D 环境中快速和精确分析,从而提升效率。该项目由美国空军资助,为装备评审委员会(MRB)在 F-35 项目中高效工作提供了重要支撑。

**美国国防部成立先进机器人制造机构** 1月13日,美国国防部宣布成立第 8 家制造创新机构——先进机器人制造(ARM)机构,以整合美国目前分散的机器人制造能力,实现协同机器人、机器人控制、灵巧操纵、自主导航和机动性、感知和传感以及测试/检验/验证等技术的成熟。机构由美国机器人公司负责管理,计划投资 2.53 亿美元(联邦政府 8000 万美元、机构成员1.73亿美元），旨在降低制造机器人的成本，使中小制造商也可利用机器人技术。

**意大利图灵理工大学开发出3D打印导电碳纳米管复合材料** 1月27日，图灵理工大学通过按不同比例向由PEGDA和PEGMEMA两种聚合物组成的基质材料中添加多壁碳纳米管，制成导电碳纳米管复合材料，再采用3D打印技术制造不同结构的物体。后续还需研究在保持电气性能的同时，改善碳纳米复合材料的机械性能。

**美国开发出仿鳗鱼黏液材料的合成方法** 1月31日，美国海军利用大肠杆菌制造出两种由八目鳗合成的蛋白质（阿尔法蛋白和伽马蛋白），然后，在溶液中将两种蛋白结合，即可使合成的黏液发挥作用。这种黏液可用于制造防弹、防火、防污、潜水保护产品或防鲨喷雾剂，未来有望为军舰提供非致命性的静态防护。

**全球首台碳纤维复合材料智能制造设备推出** 2月20日，在阿布扎比防务展上，洛克希德·马丁公司展示了Exechon公司制造的碳纤维复合材料XMini机器人5轴加工机床。该设备融合了关节机器人的灵活性、高动态性及刚性机床的高刚度、高精度特性，具有高速/低扭矩、低速/高扭矩加工能力，切削力达7000牛，加速度达3$g$，定位精度达±10微米；应用并联加工技术，可作为独立工具，也可集成到现有生产系统中。

**FORTIS工业外骨骼可提升美国船厂生产效率和人员安全性** 2月23日，美国国家制造科学中心在两家海军造船厂对洛克希德·马丁公司FORTIS工业外骨骼进行应用测试，验证了FORTIS在降低电动工具导致的人员受伤概率、提高人员安全性及生产效率与产品质量方面的效能。FORTIS是一种无动力、轻量化外骨骼，通过髋部、膝盖和踝部等一系列关节将操作者负载的重量从其身体直接传递到地面，从而增加操作者的力量和耐力。

**美国研究高性能碳纤维复合材料构件 3D 打印技术** 2 月 28 日,美国劳伦斯利弗莫尔国家实验室通过开发可实现材料在数秒时间内固化的化学反应、碳纤维丝流动的精确模型,借助高性能计算能力,采用改进型直写 3D 打印工艺,打印了微观结构中碳纤维处于相同方向的数种复杂碳纤维复合材料构件,首次实现了航空航天级碳纤维复合材料的 3D 打印。采用新工艺,可使碳纤维用量减少 2/3,而保持构件材料性能不变。

**空客公司利用基于增强现实的智能眼镜提高生产效率** 3 月 24 日,空客公司将 Accenture 公司的工业级智能眼镜应用于 A330 客舱安装标记工序,达到毫米级精度,减少了过程时间,是可穿戴技术在飞机最终装配线工业化应用的首个案例。该头戴式设备装有扫描条形码的摄像头,操作人员通过扫描可看到定制的客舱规划、相关需求信息和标记区域,辅助屏幕可显示导引图标和其他相关图像。

**欧洲防务局调研增材制造技术对国防工业的影响** 2017 年 4 月,欧洲防务局开始通过"增材制造可行性研究与技术演示验证"项目,面向整个欧洲的国防领域和增材制造行业相关单位开展调研,内容包括:①确定增材制造技术应用于欧洲国防工业的机遇、挑战以及阻碍其扩大应用的主要因素;②通过仿真环境演示验证如何以及在何种程度上采用增材制造来支持某些军事行动;③展示研究成果和结论,促进增材制造技术在国防领域的应用,尤其是作战、后勤保障和平台维护等方面。

**西班牙研制具有实时虚拟现实监控功能的 3D 打印设备** 4 月 7 日,西班牙 Eurecat 技术研究中心推出将 3D 打印技术与虚拟现实技术相结合的新型设备,可在虚拟现实环境中通过屏幕对 3D 打印过程进行实时监控。利用这种新型设备,不仅能够在任何一个时间点上监控打印件,而且可以实施必要的检查或干预措施,与打印件相关的几何结构或材料性能等信息将一目了然。该设备的应用有可能改变未来工厂的运作模式。

**俄罗斯研究利用虚拟现实技术设计飞船和模块化舱段** 4月7日,俄罗斯能源火箭航天集团公司正式启用飞船与模块化舱段虚拟设计中心。该中心利用虚拟现实技术,能提供模拟舱段内的复杂设备的集成、大量设备连接线缆的铺设等多种任务解决方案,并能迅速形成设计文件,设计人员通过佩戴虚拟现实设备,"进入"飞船舱段内部,在虚拟数字空间开展特殊或复杂的结构设计,将加速俄罗斯新型航天装备的建造进程,在降低人工成本的同时保证产品质量。

**美国发布世界首份面向工业界的增强现实软硬件功能需求指南** 4月11日,美国数字化制造与设计创新机构与"增强现实企业联盟"联合发布需求指南,旨在指导增强现实供应商面向工业界开展技术和产品研发,提升企业在人员培训与安全、工厂车间和现场服务、设备组装与检修、车间和产品设计等方面的能力。硬件方面重点关注电池寿命、连接性、视野、移动环境下的存储与操作系统、输入/输出和安全性等;软件方面关注创作工具、增强现实内容、3D内容创建和物联网部署等。

**波音公司采用富士通公司 RFID 技术管理飞机零部件** 4月24日,日本富士通公司开始向波音公司提供射频识别集成标签技术服务。波音公司将在单架飞机制造阶段的大约 7000 个主要零部件上增加 RFID 标签,根据 RFID 标签生成的数字化飞机准备工作日志,实现对每个零部件准确的追溯,并在维护或故障发生时安全快速提供相应支持,以大幅提高任务效率、减少人为错误,提高飞机制造生产效率。

**DARPA 研究降低面向前沿制造技术的设计复杂性** 4月25日,在 DARPA 资助下,美国斯乐帕洛阿尔托研究中心与俄勒冈州立大学开展"具有互操作性、规划、设计和分析的制造"项目研究,旨在开发新的计算方法，通过建立一个系统，自动搜索高维空间可用的形状、材料和工艺，实现从设计要求到制造指令的全自动"编译"，颠覆传统的设计模式，提高整体产品质量，缩短产品上市时间。新技术适用于金属增材与机械加工混合制造及梯度材料制造等。

**美国开发透明玻璃 3D 打印方法**　5 月 2 日，劳伦斯利弗莫尔国家实验室开发透明玻璃 3D 打印方法。该方法不同于传统印刷熔融玻璃的方法，而是研制了由玻璃颗粒的浓缩悬浮液形成的定制油墨，在室温条件下进行打印，并对元件进行热处理和光学质量抛光，提高了光学元件实现光学均匀性的可能性，未来可能改变激光器和其他包含光学元件器件的设计和结构。

**谢菲尔德—波音先进制造技术研究中心（AMRC）开发新型混合 3D 打印工艺**　5 月 3 日，AMRC 开发出"THREAD"混合 3D 打印工艺。该工艺可将电子元件、光学元件和结构元件通过 3D 打印方式植入部件，使部件实现结构功能一体化。THREAD 可作为附加技术，集成到各类 3D 打印平台，用于航空航天等产品中需要电气互联的功能性部件，全自动化的 THREAD 工艺已在聚合物 3D 打印设备上得到验证。

**NASA 计划开发 FabLab 空间制造概念**　5 月 4 日，NASA 发布"第二轮空间探索伙伴关系下一代航天技术"征询公告，征求关于建造第一代多材质空间制造实验室（FabLab）的提案，以拓展空间制造能力，支持太空任务。FabLab 建设分 3 个阶段实施，最终目标是在国际空间站演示验证商业化开发的 FabLab。

**美国开发基于二极管的增材制造技术**　5 月 15 日，美国劳伦斯利弗莫尔国家实验室开发出基于二极管的增材制造技术，并制成原理样机。该技术颠覆了将激光点扩展为与加工图样吻合的照射面，瞬间融化整层金属粉末，成形速度可提高 200 倍。原理样机主要包括大功率激光二极管阵列、晶体脉冲激光器、光寻址光阀单元、LED光源、铺粉系统等设备。该技术通过对光源系统的改变，实现了熔融方式由点到面的突破，极大地提高了成形效率和成形质量，且成本较低。

**DARPA"物理系统的不确定性量化"项目取得进展**  5月17日，DARPA披露：布朗大学牵头的项目团队面向"不确定性设计"开发了理论基础框架，并将其用于非常规的水翼水面艇设计中，大幅降低了仿真和优化成本；斯坦福大学牵头的项目团队，采用不确定性量化方法研究超声速喷气发动机尾喷管优化设计，通过对尾喷管的气动—热—结构耦合建模，使其几何参数从28个减少到7个，降低了设计难度，缩短了设计周期。

**麻省理工学院开发3D打印仿海螺壳材料**  5月26日，麻省理工学院研究采用3D打印技术制造出能够精确控制其内部结构的仿海螺壳材料，并进行了跌落试验。经验证，这种材料的防裂纹扩展性能是最强基材的1.85倍，是传统纤维复合材料的1.7倍，非常适合用于制备抗冲击防护头盔或人体装甲，而3D打印技术的引入能够更好地满足用户个性化需求。海螺壳具有独特的内部3层结构，导致小裂缝传播困难，因此具有超强的耐用性和抗断裂性。

**德国开发出一种金属部件表面涂覆工艺**  5月30日，弗劳恩霍夫协会激光研究所开发金属零部件表面涂覆的新工艺——"超快激光材料沉积"（EHLA）。该工艺通过激光在熔池上方熔化金属粉末颗粒，使金属粉末以液态金属形态滴入熔池，只需熔化较少量基材，且表层更加均匀，克服了硬铬电镀、热喷涂、激光沉积等工艺的不足，具有经济环保、有效利用资源的优势。相比传统激光沉积，EHLA工艺的沉积速度提高了100~250倍，基体加热的最小化使其可用于热敏部件。

**俄罗斯突破镍-63同位素电池制备瓶颈**  6月，俄罗斯国家原子能公司展出镍-63同位素电池（简称镍-63电池）样机。电池输出功率1毫瓦，电压2伏，只有手掌大小，寿命可达50年，安全性高，环境耐受性好。俄罗斯通过离心分离浓缩形成丰度79.4%（分离功耗减至1/3）的镍–62，装入核电反应堆辐照生成镍–63后卸出，经化学处理提取镍同位素，二次离心分离浓缩可形成丰度高达81.2%的镍–63。

**美国陆军研究采用可回收、再生或原生材料进行远征战地按需制造** 6月，美国陆军研究实验室公布其战地原生材料按需增材制造研发成果：一是直接在战地生产适于增材制造的金属粉末；二是利用战地砂土和3D打印机来制作铸模；三是采用废弃塑料进行增材制造。

**美国开发通过微波焊接提高3D打印件强度的新方法** 6月14日，《科学进展》在线期刊发文，德克萨斯农工大学研发的新方法是将3D打印常用的热塑性线材涂上一层富含多壁碳纳米管（CNT）的聚合物材料，再正常打印，最后，通过"局部诱导射频（LIRF）焊接"技术用微波照射打印件，以此来增加层与层之间的结合强度，进而可将打印件的整体强度提升至原来的275倍。该方法最初由美国陆军研究实验室提出，商业化后，将适用于所有3D打印应用领域。

**美国海军采用区块链技术提升3D打印安全性** 6月22日，美国海军称，正进行区块链技术3D打印试点应用，通过在海军3D打印站点之间建立一个数据共享层，利用区块链技术提高从设计、原型、测试、生产到最终交付整个制造过程共享数据的安全性和可靠性。这是美国海军首次公开的区块链技术应用案例。

**美国研制出世界上密度最小的3D打印结构** 6月28日，美国堪萨斯州立大学利用石墨烯氧化物和水的混合物液滴，在改装的喷墨打印机上打印出密度仅有0.5毫克/厘米$^3$的石墨烯气凝胶。该研究团队是世界上第三个利用3D打印技术制造石墨烯的团队，其采用的制造工艺仅需要水和石墨烯氧化物，无需其他原材料，制造出的形状可控的石墨烯气凝胶，除可用在柔性电池及其他半导体器件中，同时还可用作建筑物隔热材料。

**美国发布《先进材料连接与成形技术路线图》** 6月，由美国国家标准与技术研究院支持、爱迪生焊接研究所牵头编制的《先进材料连接与成形技术路线图》发布，明确了未来7年材料连接与成形技术领域的8项研发投资重点：①先进焊接变形控制系统；②焊接材料研究用下一代预测工具；③先进高效熔敷工艺；④异质材料连接工艺；⑤成形工艺的实时测量、预测和控制；⑥铝、钛、镍和钢等金属热成形技术；⑦轻质金属锻造技术；⑧搭建连接与成形职能人才发展平台。

**美国海军3D打印潜艇艇体原型** 7月20日，美国海军颠覆性技术实验室与橡树岭国家实验室合作开发出美军首个3D打印的潜艇艇体原型。该艇体原型由采用大面积增材制造技术制造的6个碳纤维复合材料件组成，长约9.14米，设计、制造及组装总计耗时不到4周。与传统方法相比，极大地缩短了潜艇研制周期，成本降低可达90%。美国海军已计划建造第二个艇体原型，并进行下水测试。

**美国能源部智能制造创新机构发布2017—2018年路线图** 8月，清洁能源智能制造创新机构（CESMII）发布的路线图指出，CESMII将从实践、使能技术、智能制造平台建设和职能人才培养4个方面，实现战略目标：未来5年，在首批验证项目中实现工厂或主要制造工艺能源效率提高15%，引入智能制造技术，实现成本和时间减少50%，推动智能制造技术在工业界广泛应用；未来10年将能源生产率提高50%等。

**欧盟资助研发制造设备自维护系统** 9月1日，德国弗劳恩霍夫协会联合15家单位，在欧盟540万欧元"自维护制造系统的健康监测与终身能力管理"项目资助下，开发出可在生产过程中设备发生故障前预测设备停机时间的系统。该系统通过监控设备及其组件状态，并采用智能软件和传感器网络尽早检测出潜在的弱点或磨损迹象，能够预测潜在的故障，在设备停机前进行故障维修，避免停产。项目开发的诊断模型还可给出纠正错误的建议。

**NASA 测试首个由两种金属 3D 打印制成的火箭发动机零件** 9月18日，NASA 宣布，成功测试了由铬镍铁合金和铜合金 3D 打印制成的火箭发动机点火装置原型。该原型采用集成了激光喷粉 3D 打印和数控加工的增减材复合制造的整体成形技术。对打印部件的金属切割面的研究表明，两种合金具有良好的扩散效应，可牢固地结合在一起。NASA 认为，用两种不同合金制成的 3D 打印火箭部件可使未来火箭发动机的生产成本降低 33%，制造周期缩减 50%。

**美国实验室创新核燃料制造工艺** 9月19日，美国爱达荷国家实验室与西屋公司合作开发了一种生产硅化铀燃料的创新工艺。新工艺将传统技术和增材制造技术相结合，减少了燃料生产的步骤，从而节约生产时间、降低成本。生产出的燃料具有较高安全性，可用于先进反应堆。该工艺还可用于生产其他燃料。

**高强铝合金增材制造取得重大突破** 9月20日，美国休斯研究实验室基于成核理论，利用纳米颗粒官能化技术解决了 7075 和 6061 等系列高强铝合金增材制造难题，并为高强钢、镍基高温合金的增材制造奠定了基础。研究人员尝试控制微观结构及材料凝固方式，在高强合金粉末中添加锆基纳米颗粒，进行粉末床激光增材制造。在熔融和凝固过程中，纳米颗粒充当所需合金微观结构的成核位点，可防止热裂纹产生，并成形零件保持高合金强度。

**英国曼彻斯特大学研制出纳米级"分子机器人"** 9月21日，《自然》

杂志发表论文，介绍了英国曼彻斯特大学制造的世界首个分子机器人。该机器人由碳、氢、氧和氮等150个原子组成，大小只有1纳米，具有手臂，能够接受化学指令（特定溶液中进行的化学反应）操控单个分子，完成组装分子产品等基本任务，未来有望用于设计先进制造工艺以及搭建分子组装线和分子工厂。

**美国空军研究新型柔性电子学混合3D打印法** 10月27日，美国空军研究实验室与哈佛大学合作，开发出数字设计打印可伸缩、弹性电子产品的混合3D打印法。该方法利用增材制造技术，将柔性、导电油墨与一种基底材料结合在一起，制造出可拉伸、可穿戴的电子设备。

**洛克希德·马丁公司预测数字孪生技术为2018年顶尖技术趋势之首** 11月13日，美国洛克希德·马丁公司发布2018年国防和航空航天工业领域的6项"顶尖技术趋势"，分别是数字孪生技术、高超声速技术、机器学习与人工智能、网络与电子战、自主和人—机协作、定向能，数字孪生技术作为首要的顶尖技术趋势提出。

**美国火箭工艺公司获得火箭推进剂3D打印技术专利** 12月4日，公司获得的专利包括用于火箭推进剂的热塑性材料与高能纳米铝粉混合颗粒制备技术，以及推进剂3D打印技术。其中，每个推进剂颗粒外包覆有熔合层，不同直径的推进剂颗粒紧密排列成中空的圆柱形结构，可以同时充当火箭的固体燃料源和燃烧室结构件，这一成形过程由3D打印实现，能够使混合燃料火箭发动机机械结构更简单，并避免发生意外爆炸。目前，该公司正采用此项专利技术制造全球首枚可批量生产的"无畏"－1（Intrepid－1）运载火箭。

**洛克希德·马丁公司在F－35生产线上引入工业物联网平台** 12月6日，Ubisense公司称，洛克希德·马丁公司已在德州沃斯堡市的F－35战斗机生产线上部署其"智能空间"工业物联网平台,构建了 F-35 战斗机生产线的数字孪生,以大幅提升制造效率。

**美国研发复杂聚合物结构立体增材制造技术** 12 月 8 日,美国劳伦斯利弗莫尔国家实验室与高校合作开发出一种利用光场全息图的立体增材制造技术,通过控制 3 束交叠的激光,将构件全息 3D 图像投影到光敏树脂中,在数秒内即可制造出具有复杂非周期三维几何结构的光聚合物构件,突破传统增材制造基于逐层制造速度慢以及受几何结构限制的问题。

**美国数字化制造与设计创新机构(DMDII)发布 2018 年战略投资计划** 2017 年 12 月底,DMDII 发布的该战略计划重新确定了其未来愿景,详细规划了 2018 年度重点技术领域的具体目标和技术路线图。4 个重点技术领域包括:设计、产品开发及系统工程,实现线性、基于文本的产品开发过程向模型为中心的业务实践转型;未来工厂,可应对不断快速变化的市场需求和客户需求,小批量、定制化生产将成为常态;敏捷、弹性的供应链,实现供应网络的可组合、可配置,具有透明、完整的信息流;制造业网络安全,提升美国中小型制造企业的网络安全能力。